诸暨耕地质量

张耿苗　麻万诸　赵钰杰 主编

中国农业科学技术出版社

图书在版编目（CIP）数据

诸暨耕地质量 / 张耿苗，麻万诸，赵钰杰主编 . --
北京：中国农业科学技术出版社，2023.3
ISBN 978-7-5116-6230-9

I.①诸…　II.①张…　②麻…　③赵…　III.①耕地资
源－资源评价－诸暨　IV.① F323.211

中国国家版本馆 CIP 数据核字（2023）第 048001 号

责任编辑　李　娜　朱　绯
责任校对　马广洋
责任印制　姜义伟　王思文

出 版 者　中国农业科学技术出版社
　　　　　北京市中关村南大街 12 号　　　邮编：100081
电　　话　（010）62111246（编辑室）　　（010）82109702（发行部）
　　　　　（010）82109709（读者服务部）
网　　址　https:// castp.caas.cn
经 销 者　各地新华书店
印 刷 者　北京建宏印刷有限公司
开　　本　148 mm×210 mm　1/32
印　　张　5.625
字　　数　140 千字
版　　次　2023 年 3 月第 1 版　2023 年 3 月第 1 次印刷
定　　价　98.00 元

《诸暨耕地质量》

编 委 会

主　　编　张耿苗　麻万诸　赵钰杰

副 主 编　任周桥　邓勋飞　连正华　伍少福

参编人员　（以姓氏笔画为序）

审　　稿　章明奎　陈一定

前　言

　　诸暨①位于浙江中部偏北，钱塘江支流浦阳江中段，地属浙东南丘陵山区和浙西北丘陵山区两大地貌单元交接地带，为浙江省农业大县（市），素有"诸暨湖田熟，天下一餐粥"和"鱼米之乡"的美誉。全市土地总面积 2 311.45 km²，《诸暨市第三次国土调查主要数据公报》显示耕地总面积为 32 414.76 hm²，2021 年粮食作物播种面积 34 450.73 hm²、总产量 23.20 万 t。

　　诸暨市地质构造复杂，土壤类型众多。耕地土壤类型涉及 8 个土类、16 个亚类、42 个土属、70 个土种。由于立地环境、土壤类型和利用方式的不同，各地耕地土壤肥力指标表现值差异较大。

　　2022 年 1—4 月，编者收集了诸暨市历年土壤类型与耕地质量调查、测土配方施肥成果和耕地质量监测成果等基础数据，按照《耕地质量等级》（GB/T 33469—2016）和《全国耕地质量等级评价指标体系》（耕地评价函〔2019〕87 号）的评价程序，构建了由地形部位、灌溉能力、排水能力、耕层土壤有机质含量、质地、容重、pH 值、有效磷含量、速效钾含量、质地构型、有效土层厚度、障碍因素、生物多样性、农田林网化、清洁程度 15 个指标组成的县域耕地质量评价体系，划定评价单元 41 365 个，对全市耕地质量进行了综合评价和等级划分。结果表明，诸暨市耕地质量等级平均 2.988 等，高于浙江省和全国的耕地质量平均水平。

---

　　① 1989 年 9 月，经国务院批准，撤消诸暨县，设立诸暨市。

本书共分诸暨市域概况、耕地资源及其立地条件、耕地土壤肥力状况、耕地质量等级评价、耕地质量提升与保护 5 章，系统地介绍了诸暨市耕地土壤结构和肥力状况，阐述了耕地质量等级的评价过程与结果，为诸暨市开展第三次土壤普查、耕地质量提升与保护、农业高质量发展提供数据支撑，同时也为其他地区开展耕地质量评价提供借鉴。

本书在编撰过程中得到了浙江省耕地质量与肥料管理总站、浙江省农业科学院（数字农业研究所、环境资源与土壤肥料研究所）、浙江大学环境与资源学院、诸暨市自然资源和规划局、诸暨市水利局等单位有关领导和专家的大力支持，在此一并表示感谢。限于编者水平，不足之处在所难免，敬请读者提出宝贵意见。

编　者

2022 年 6 月

目 录

第一章　诸暨市域概况

第一节　自然条件

一、地理区位

诸暨市位于浙江中部偏北，绍兴市西南，钱塘江支流浦阳江中段。东经 119°53′01″～120°32′08″，北纬 29°21′24″～29°59′05″。东接嵊州市，南接金华市的东阳市、义乌市，西南毗连金华市浦江县，西接杭州市桐庐县，西北邻杭州市富阳区，北靠杭州市萧山区，东北接绍兴市柯桥区。东西最远距离 63.15 km，南北最远距离 70.05 km，边界线总长 411.72 km。全市土地总面积 2 311.45 km²，约占全省面积的 2.3%。沪昆（浙赣）铁路、杭金衢高速、诸永高速、绍诸高速、G235 贯穿全境。距上海 200 km、杭州 90 km、萧山国际机场 60 km、绍兴市区 50 km，区位优势明显，古称"婺越通衢"，今属上海经济区，是全国文明城市、全国县域经济百强县市，被誉为中国"袜业之都""珍珠之都""香榧之都"，系长三角最具投资价值县（市），福布斯中国大陆最佳县级城市。

二、政区划分

诸暨历史悠久，新石器时代就有先民繁衍生息，为于越文化发祥地之一。《元和郡县志·卷二六》云："（越州）诸暨县，秦旧县也……越王允常所居"。秦王政二十五年（公元前 222 年）置诸暨县，虽县名曾更易数次，隶属关系变更频繁，但历代沿袭兴盛未废。1989 年 9 月，经国务院批准，撤销诸暨县，设立诸暨市，由绍兴市代管。2019 年 6 月行政区划调整后，诸暨辖暨阳、浣东、陶朱、暨南、大唐 5 街道，应店街、次坞、店口、姚江、山下湖、枫桥、赵家、马剑、五泄、牌头、同山、安华、璜山、陈宅、岭北、浬浦、东白湖 17 镇，东和 1 乡，共 23 个乡级行政区，有 108 个社区居民委员会、417 个村民委员会。截至 2020 年年末，辖区常住人口 121.81 万人，户籍人口 108.35 万人，其中，农业人口 95.75 万人，农户 34.89 万户。详见表 1-1。

表 1-1 诸暨市行政区划人口

序号	乡镇（街道）名称	行政村/社区（个）	总人口（万人）	其中：农业人口（万人）	农户（万户）
1	安华镇	19	3.35	3.33	1.21
2	陈宅镇	12	1.86	1.85	0.68
3	次坞镇	22	3.83	3.8	1.31
4	大唐街道	36	7.65	7.37	2.71
5	店口镇	44	10.21	9.95	3.43
6	东白湖镇	20	3.66	3.65	1.35
7	东和乡	13	2.15	2.15	0.78
8	枫桥镇	31	7.09	6.80	2.46
9	浣东街道	25	5.58	4.78	1.74

续表

序号	乡镇（街道）名称	行政村/社区（个）	总人口（万人）	其中：农业人口（万人）	农户（万户）
10	璜山镇	17	3.78	3.73	1.38
11	暨南街道	39	6.95	6.94	2.53
12	暨阳街道	55	16.12	6.21	2.33
13	浬浦镇	13	2.01	1.97	0.74
14	岭北镇	9	1.29	1.30	0.47
15	马剑镇	14	1.91	1.92	0.69
16	牌头镇	29	4.67	4.54	1.72
17	山下湖镇	12	2.87	2.85	1.02
18	陶朱街道	26	6.36	5.60	2.00
19	同山镇	15	2.16	2.16	0.77
20	五泄镇	9	1.54	1.54	0.59
21	姚江镇	25	5.51	5.49	2.07
22	应店街镇	28	4.65	4.67	1.76
23	赵家镇	14	3.15	3.15	1.15
合计		527	108.35	95.75	34.89

数据来源：《2021年诸暨市统计年鉴》。

三、自然条件

（一）地形地貌

诸暨地属浙东南丘陵山区和浙西北丘陵山区两大地貌单元交接地带。四周群山环抱，丘陵起伏，浦阳江自南而北蜿蜒其中，形成北北东向开口通道式断陷盆地。总的地势大致西南向东北倾斜。全市可分为东南会稽山丘陵低山区、西部龙门山丘陵低山区、中部浦阳江河谷盆地和北部"诸暨湖田"河网平原区。

1. 东南会稽山丘陵低山区

东南会稽山丘陵低山区位于诸暨市境东南，会稽山脉蜿蜒其内，北起龙头岗（海拔 703.8 m）、南至勾嵊山（海拔 669 m），区内峰峦叠嶂，主峰东白山，海拔 1 194.6 m，是本市最高峰。东南会稽山丘陵低山区面积 978.12 km²，占市域总面积的 42.31%。其中，500 m 以上低山占 10.27%。受开化江和枫桥江等大小溪流切割，多小片平坦地、山间谷地及洪积扇。

2. 西部龙门山丘陵低山区

西部龙门山丘陵低山区面积 560.00 km²，占诸暨市域总面积的 24.23%。其中海拔 500 m 以上面积占 7.67%，属浙西北丘陵山区，系由龙门山脉构成。主峰三界尖（海拔 1 015.2 m），是诸暨市第二高峰。受壶源江、凰桐江、五泄江等溪流切割，地形破碎，其中，壶源江流域山峰耸立，群山峻岭，山高谷狭，沟谷发达。凰桐江及五泄江急流，直注平原，泥、砂、砾石夹杂，形成众多丘陵台地及洪积扇。

3. 中部浦阳江河谷盆地

中部浦阳江河谷盆地位于诸暨中南部，浦阳江中游，南与浦江—苏溪盆地接壤，北与"诸暨湖田"河网平原相连，东起小溪寺，西至南前岭，南北长 36 km、东西宽 19 km，面积 553.33 km²，占诸暨市域面积的 23.94%。诸暨境内地势平缓，海拔 8～50 m，两侧向中部倾斜，西南向东北倾斜。境内浦阳江河道弯曲，多江心洲和河滩地，构成较大的冲积平原地貌。

4. 北部"诸暨湖田"河网平原

北部"诸暨湖田"河网平原位于浦阳江下游，南起五浦头，北与萧绍平原接壤，东起杜黄桥，西至桌山。面积 220.00 km²，占市域面积的 9.52%。区内河网交叉，湖荡密布，由大小湖泊围垦而成，海拔 5.0～8.0 m，其中白塔湖最低海拔仅 3.1 m。

（二）地质构造

诸暨市地质比较复杂，地层较齐全，主要出露有元古界、古生界、侏罗系、白垩系及第四系地层。断裂构造发育，以江山－绍兴深大断裂规模最大，它横贯本区，是两个一级大地构造单元的分界。该断裂带由一系列北东向断裂所组成，经历了多期活动，且穿不同时代地层，沿断裂带岩浆活动强烈，有不同时期的中性、基性、酸性、超基性等不同岩石的侵入。该断裂带将市境内地层、岩性分为两大区块，其东南以下元古界八都群、中元古界陈蔡群中深变质的片岩、片麻岩和中生界侏罗系中酸性火山岩为主；西北部以震旦系、寒武系、奥陶系、石炭系及白垩系地层的沉积岩为主。

（三）水系

诸暨水系属钱塘江水系。浦阳江为境内最大的河流，自南向北在境内中部贯穿而过，流域面积占全市总面积的94.5%，境内除洪浦江和店口江两条小支流外，有大陈江、开化江、五泄江、枫桥江、凰桐江五条主要支流，从周边向盆地中心地带汇注，形成区域性扇形流域格局，其中，大陈江和凰桐江为跨境河流。另有壶源江流经诸暨西部马剑镇，其流域面积占全市国土总面积的4.95%；上芦溪系东阳北江的支流，属金华江水系，流经诸暨南部岭北镇南端，占全市总面积的0.55%。

1. 浦阳江

浦阳江发源于浦阳县天灵岩南麓，在同山镇界牌宣入境，流至诸暨市城区茅诸埠分东、西两江，到三江口汇合，经萧山入钱塘江出海。浦阳江上浮源短流急，安华至市区段河道弯曲，水流排泄不畅，下游受钱塘江江潮顶托，江水逆进。浦阳江全长151 km，总流域面积

3 452 km²，其中，诸暨市境内长 67.6 km，流域面积 2 183.9 km²。

（1）大陈江

大陈江发源于义乌市巧溪乡大坞尖，流经义乌市苏溪、大陈，由浦江县郑家坞入诸暨境，经安华镇上新宅，纳岩坞口、长丰、善坑岭诸溪，至安华镇入浦阳江。全长 39.6 km，总流域面积 264 km²，诸暨境域内长 7.2 km，流域面积 41 264 km²。主河道槽宽 60 ～ 70 m。属山溪性河流，流浅滩宽，古通竹筏。

（2）开化江

开化江由璜山江和陈蔡江组成，两江自东南向北流至街亭会合后，始称开化江，至丫江杨汇入浦阳江。全长 48 km，流域面积 616.7 km²，总落差 311 m，平均坡降 6.5‰，属山溪性河流，古通竹筏。主源璜山江，发源于岭北镇大岭东麓，长 40.6 km，流域面积 313.4 km²，平均坡降 7.6‰；陈蔡江为上林溪和流子里溪所汇，全长 39.3 km，流域面积 273.5 km²。

（3）五泄江

五泄江主源在五泄溪，与石渎溪、冠山溪汇合组成，途经五泄镇、大唐街道，至陶朱街道祝桥头村石家注入浦阳江西江。五泄江全长 40.8 km，流域面积 249.6 km²。

（4）枫桥江

枫桥江由源出走马冈西麓的栎桥江、源于会稽山上谷岭的黄檀溪、源出刻石山南麓的孝泉江组成，三条支流在汇地及遮山汇合，穿骆家桥、东西泌湖，西北流经尚山至草江村，注入浦阳江东江，全长 44.7 km，流域面积 426 km²。遮山以上为山溪性河流，遮山以下为感潮河流。

（5）凰桐江

凰桐江发源于应店街镇五云岭南麓，流经寨头、幸福水库至茅蓬纳石孔岭溪，至伍堡畈合夫概溪，东流经大路杨、溪塔杨、大桥，至凰桐诸萧闸出境，入萧山至浦阳镇尖山汇入浦阳江，全长 42.0 km，流域面积 167.2 km²。诸暨境域内长 37.2 km，流域面积 147.8 km²。凰桐江在大桥以上为山溪性河流，下游为感潮河流，凰桐以下河段可通航。

（6）洪浦江

洪浦江位于牌头镇和暨南街道王家井片境域内，发源于巢勾山，流经牌头镇王劳军村分而为二，一水经双港闸注入浦阳江，另一水继续东流过千秋桥至潘家再分二水，一水在西闸注入浦阳江，另一水继续东流经洋湖至石门槛下注入浦阳江。主源长 27.3 km，流域面积 81.4 km²。

（7）店口江

店口江发源于绍兴市柯桥区铜井山，向西北流入店口中村水库，出中村水库经金湖、横山湖至金浦闸（闸今废）注入浦阳江，全长 16 km，流域面积 96 km²。

2. 壶源江

壶源江发源于浦江县天灵岩西麓，流经浦江、桐庐，自马剑镇龙门村华湖口入境，经相公殿至金沙村流入富阳区，经场口注入富春江，为钱塘江主要支流之一。诸暨境内干流长 8.9 km，流域面积 114.4 km²。

3. 上芦溪

上芦溪系东阳北江的小支流，源出诸暨岭北大岭头，经船山、盛庄流入东阳北江，诸暨境内长 6.3 km，流域面积 12.7 km²。

（四）气候

诸暨地处浙中内陆，属亚热带季风气候区，气候温和湿润，四季分明，年温适中，光、热资源较为丰富，春季增热回温快。小气候类型多，受向北倾斜通道式盆地地形影响，利于冷空气长驱直入和堆积降温，因而春季倒春寒明显，秋季降温早，农作物易遭低温冷害。全市≥10℃以上积温年平均5 137℃，年均气温为16.3℃，年均无霜期236 d，常年年均降水量约1 401.8 mm，年均降水日158.3 d，相对湿度约82%，年均日照时间约1 887.6 h，年日照百分率为45%。

（五）植被

诸暨市属浙皖山区青冈、苦槠林栽培植被区，天目山古田山丘陵山地植被片。境内野生植物有143科、482属、887种，其中，裸子植物6科、13属、17种；双子叶植物104科、377属、729种；单子叶植物16科、66属、106种；蕨类植物17科、26属、35种。现存植被大部分为天然次生林和人工林。天然次生林植被类型有针叶林、阔叶林、针阔混交林、竹林、灌草丛5类，其中，阔叶林又有常绿、落叶、常绿落叶混交林3类。人工植被分林园和农田两类，人工林园主要有松、杉、檫、竹、桐、柏、株、茶、桑、果等种；农田植被主要有粮食、油料、经济、绿肥等作物。

（六）矿产资源

诸暨市矿藏资源丰富，已知矿种29种，其中，金、银、铅、铜、铀、钼、萤石、大理石等多分布于东南部，石煤、石灰石、锰、磷、钾多分布于西北部；高岭土、石墨、地开石、白云石、黄沙等多分布于境内各处。全市有石煤、石灰石矿带6条，黄金矿带3条，为浙江省有色金属及建材矿产主要产地。

第二节 农业生产和农村经济概况

一、农业生产概况

诸暨历来为农业大县（市），越王勾践在位时（公元前 496—前 465 年），以"劝农桑"为国事，其时，"越地肥沃，其种甚嘉"，蠡湖则为"范蠡养鱼池"，素有"诸暨湖田熟，天下一餐粥"和"鱼米之乡"美誉。到 20 世纪中叶，历经千余年的发展，粮、猪、茶、桑四大主产成为诸暨"传统农业的四大支柱"。受社会条件、自然因素及生产力发展水平等限制，农业生产效益低。1949 年，全境粮食作物播种面积 65 520 hm²，总产 10.32 万 t，单位面积产量 1 572 kg/hm²。生猪饲养量 16.43 万头；茶园面积 1 033 hm²，总产量 504 万 t；桑园面积 2 040 hm²，桑蚕茧产量 405 t；水产品产量 284 t。农林牧渔业总产值 3 848 万元，其中，农业产值占 72.45%、林业产值占 12.63%、牧业产值占 14.71%、渔业产值占 0.21%。

中华人民共和国成立以来，政府增加农业投入，改善农业生产条件，转变生产关系和推广应用科学技术。诸暨农业获得前所未有的发展，生产水平不断提高，农业结构日益合理，农业效益明显增加。

20 世纪 70 年代，开展"农业学大寨"运动，改善农田基础设施，增加化肥使用量，扩大春粮、双季稻三熟制和推广应用杂交水稻。1978 年，粮食总产量达 41.63 万 t，生猪饲养量 45.31 万头，茶叶总产量 0.36 万 t、蚕茧产量 0.14 万 t，分别为 1949 年的 4 倍、3 倍、7 倍和 3.5 倍。20 世纪 80 年代初，农村落实家庭联产承包责任制，农民生产积极性提高，1981—1985 年，年均粮食总产量达 46.01 万 t，其中 1982 年、1984 年粮食总产量超过 50 万 t。

1985 年以后，中央调整农业产业结构。1986—1990 年年均粮食播种面积 91 780 hm²、1991—1995 年年均粮食播种面积 90 733 hm²、1996—2000 年平均粮食播种面积 84 013 hm²，分别比 1981—1985 年年均 99 453 hm² 减少 7 673 hm²、8 720 hm² 和 15 440 hm²。由于开展吨粮田工程建设，进一步改善生产环境，全面推广应用高产栽培模式、优化配方施肥、综合防治、轻型栽培等先进农业生产技术，开展"优质、高产、高效示范方""十佳粮食高产示范方""粮食丰收杯"等活动，推广应用高产良种，提高了单位面积产量，确保了粮食总产。1996—2000 年年均粮食总产 48.75 万 t，比 1981—1985 年年均总产量增 2.31 万 t，其中，1996 年总产量达 52.15 万 t，比 1981—1985 年平均总产增加了 6.14 万。水果、珍珠也有较大发展，1996—2000 年年均水果总产量达 1.58 万 t，是 1981—1985 年年平均产量的 5.4 倍；珍珠产业 1983 年产量仅 1.0 t，1980—1985 年发展到年均 4.81 t，1986—1990 年、1991—1995 年 和 1996—2000 年 年 均 分 别 达 到 15.84 t、11.46 t 和 47.90 t。

进入 21 世纪，随着城镇化、工业化的迅速发展，诸暨市坚持以科学的发展观统领农业、工业工作的理念指导农业、市场的手段经营农业、开放的思路拓展农业，现代农业取得健康发展，粮食播种面积和总产量一直保持在浙江前列，先后五次被评为"全国粮食生产先进县市"。珍珠、茶叶、生猪、果蔬、绍兴鸭、水产品、红高粱等本地特色农业产业发展强劲，是浙江省农业特色优势产业综合强县及茶叶、畜牧、水产产业单项强县，被评为"中国珍珠之都""中国香榧之都""全国无公害茶叶之乡""全国瘦肉型猪生产基地"等。

至 2020 年，诸暨市粮食播种面积 33 912 hm²，粮食总产量 22.6 万 t；茶叶种植面积 6 422 hm²，总产量 0.82 万 t；水果种植面积 5 152 hm²，总产量 14.86 万 t；生猪存栏 10.3 万头、出栏 18.39 万头，家禽存栏 194.83 万只、出栏 193.03 万只；淡水养殖面积 3 331 hm²，淡水产品产量 2.59 万 t，珍珠产量 190 t。随着农业生产水平不断提高，农林牧渔业总产值逐年攀升，2020 年达到 50.91 亿元，为 1978 年的 30.7 倍。

二、农村经济概况

1979 年始，诸暨农业农村改革起步。国家多次提高农产品收购价格，极大地激发了诸暨农民群众的生产积极性，涌现出一批种养专业户、重点户，农产品产量大幅增加。随着国家放开农业副产品价格，取消农产品统派购制度，农产品成交额迅速增长。20 世纪 90 年代中期，诸暨市委市政府推进土地流转机制，实行适度规模经营，农业结构进一步优化，种养基地和农产品加工业快速发展，逐步形成"一镇一品、一村一品"的农业特色块状产业。进入 21 世纪，国家进一步加大农业扶持力度，种粮直补、提高农机具购置补贴、取消农业税，农业新品种、新技术、新设施广泛应用，农业生产从改革开放前的高强度的体力劳动中解放出来，农业生产力持续提升，农业收益不断增加。农业经济由单纯种植、养殖向生产、加工、销售一体化方向发展。诸暨先后获评全国"香榧之都""珍珠之乡""无公害茶叶之乡"等称号，是全国重点商品粮基地县、商品瘦肉型猪基地县、全国"八五"商品粮基地建设县（市）、浙江省农业特色优势产业综合强县（市）、茶叶产业强县（市）、畜牧产业强县（市）、水产养殖产业县（市）和竹木产业县（市）。

2020年，诸暨市实现地区生产总值1 362.36亿元，第一产业增加值50.91亿元，分别为2010年的2.19倍和1.36倍。按户籍人口计算，全市人均生产总值125 718元，按当年汇率折算，达到18 226美元，为2010年的2.12倍。三次产业增加值结构从2010年的6.0∶58.9∶35.1调整为3.8∶45.3∶50.9。农村居民人均可支配收入42 296元，为2010年的2.9倍。

第二章 耕地资源及其立地条件

第一节 耕地分布与利用

一、土地资源

诸暨土地利用结构和浙江省"七山一水二分田"的地表特征相近。东、南、西部丘陵低山区域，多为林地，茶、果园面积也较大，旱地也有一定分布；中部河谷盆地区域，居民点密布，交通发达，土地利用类型较多，耕地、园地、水域、居民点及工矿用地、交通用地等面积都较大；北部水网平原区域，水田和水域面积较大。

根据《诸暨市土地利用总体规划》（2006—2020年）、《诸暨市第三次国土调查主要数据公报》等相关资料，诸暨市土地总面积2 311.45 km²，农用地占八成多。农用地包括耕地、园地、林地及其他农用地，其中，林地最多，其次是耕地、其他农用地和园地。林地除了保护生态环境的生态公益林外，还有香榧、板栗、毛竹等经济林；耕地主要种植粮食和蔬菜，园地主要用以发展茶、桑、果生产和花卉园艺产业，其他农用地包括农村道路、水域、水利设施用地中的坑塘水面和沟渠、设施农用地和田坎等，主要用以发展畜禽动物饲养和渔业生产。全市林地面积131 397.44 hm²，占比56.85%，主要为乔木林地、竹林地、灌木林地，分别占林地总面积的 68.81%、22.80% 和 6.29%；耕地（不包括即可恢复或工程恢复类地块）面积为 32 414.76 hm²，占比 14.02%，其中，水田占 83.14%、旱地占 16.86%；城镇村及工矿用地，面积 28 201.49 hm²，占比 12.20%，其中，城市用地占 23.64%、建制镇用地占 23.50%、村庄用地占 50.11%、采矿用地占 1.63%；其他主要地类还有水域及水利设施用地 16 437.38 hm²、园地 14 217.08 hm²、交通运输用地 5 515.46 hm²。

从诸暨市第三次国土调查主要地类构成情况来看（图 2-1），全市土地利用程度高，未利用土地比例低，后备土地资源欠缺，用地矛盾突出。

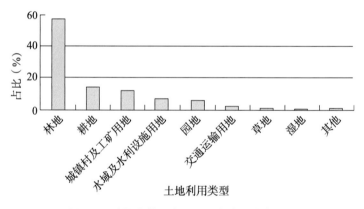

图 2-1　诸暨市第三次国土调查主要地类构成

二、耕地分布

据第三次国土调查资料，诸暨市耕地主要分布在中部及中北部平原地区，店口镇、姚江镇、暨南街道、枫桥镇、大唐街道、牌头镇、应店街镇 7 个镇乡（街道）耕地面积较大，占全市耕地的 50% 以上。

（一）水田

诸暨市水田总面积 26 948.45 hm²，集中分布于浦阳江及其主要支流两岸和北部湖畈地区，主要在店口镇、姚江镇、暨南街道、枫桥镇、陶朱街道、大唐街道、暨阳街道、浣东街道、牌头镇、山下湖镇等地，其中店口镇、姚江镇、暨南街道、枫桥镇水田分别占全市水田的 12.05%、9.23%、8.17%、6.72%（表 2-1）。

表 2-1　诸暨市耕地分类占比情况

序号	乡镇（街道）	水田占比（%）	旱地占比（%）	耕地占比（%）
1	安华镇	3.64	2.67	3.51
2	陈宅镇	1.93	3.34	2.12
3	次坞镇	3.99	2.66	3.81
4	大唐街道	5.96	6.53	6.04
5	店口镇	12.05	7.59	11.44
6	东白湖镇	2.63	4.35	2.86
7	东和乡	1.60	8.25	2.51
8	枫桥镇	6.72	6.80	6.73
9	浣东街道	5.37	4.38	5.23
10	璜山镇	3.60	6.77	4.03
11	暨南街道	8.17	6.89	7.99
12	暨阳街道	5.70	3.66	5.42
13	泄浦镇	2.01	2.00	2.01
14	岭北镇	0.63	1.73	0.78
15	马剑镇	2.04	2.63	2.12
16	牌头镇	4.95	4.87	4.94
17	山下湖镇	4.85	2.37	4.51
18	陶朱街道	6.05	2.88	5.61
19	同山镇	1.62	2.20	1.69

序号	乡镇（街道）	水田占比（%）	旱地占比（%）	耕地占比（%）
20	五泄镇	1.16	1.58	1.22
21	姚江镇	9.23	6.74	8.89
22	应店街镇	3.60	3.13	3.54
23	赵家镇	2.51	6.00	2.99

数据来源：诸暨市第三次国土调查成果。

（二）旱地

诸暨市旱地总面积 5 466.31 hm²，其中东和乡、店口镇、暨南街道、枫桥镇、璜山镇、姚江镇、大唐街道 7 个镇乡（街道）旱地面积占全市的 49.57%。东和乡最多，占比为 8.25%。店口镇次之，占比为 7.59%。

三、耕地利用现状

鉴于境内各乡镇地形地貌、土质、排灌条件差异，各地耕地利用方式不同，种植作物多样，主要种植作物有水稻、大小麦、玉米、大豆、高粱、甘薯、马铃薯等粮食作物；油菜、花生、甘蔗、西甜瓜、草莓、蔬菜、药材等经济作物以及绿肥、饲料等其他作物。2020年，全市耕地农作物播种面积 58 873.09 hm²，其中，粮食作物播种面积 33 911.73 hm²，占农作物播种面积的 57.60%，粮食作物中水稻播种面积 24 073.76 hm²，分别占粮食作物播种面积和农作物播种面积的 70.99% 和 40.89%。由此可见，种植粮食作物尤其水稻是本市耕地主要利用方式。经济作物播种面积 14 967.21 hm²，占农作物播种面积的 25.42%；其中蔬菜播种面积 7 290.02 hm²，分别是经济作物播种面积和农作物播种面积的 48.71% 和 12.38%，本市蔬菜大多是与粮食作物轮作；其他作物 9 994.15 hm²，占农作物播种面积 16.98%，其中绿肥面积 9 357.24 hm²。粮食作物平均单产 6 664.57 kg/hm²，总产 22.60 万 t，其中水稻平均产量 7 556.73 kg/hm²，总产 18.19 万 t；蔬菜单产 21 629.96 kg/hm²，总产 15.77 万 t（表 2-2）。

表 2-2　诸暨市耕地农作物播种面积与产量（2020 年）

	播种面积（hm²）	单产（kg/hm²）	总产（t）
农作物	58 873.09		
粮食作物	33 911.73	6 664.57	226 006.93
水稻	24 073.76	7 556.73	181 918.98
大小麦	1 349.79	3 870.79	5 224.75
其他	8 488.18		
经济作物	14 967.21		
油科作物	2 216.89	2 674.12	5 928.23
蔬菜	7 290.02	21 629.96	157 682.83
其他作物	9 994.15		
绿肥	9 357.24		

数据来源：《2021年诸暨市统计年鉴》。

第二节　耕地土壤成因与类型

一、成土母质

母质是土壤的前身。从诸暨市的地质构造、水系分布、地形地貌的特点来看，境内成土母质主要受裸露于地表的岩石风化物、重力、溪、河、湖等水力搬运和沉积环境因素所控制。成土母质类型大致可分为各类岩石风化的残坡积物、洪积物、河流冲积物、河湖沉积物及第四纪红土。

（一）丘陵山区土壤母质

丘陵山区土壤母质以各类岩石风化的残坡积物为主，其次是洪积物。残坡积物类型与岩石类型密切有关。丘陵山区土壤母质主要有以下几种类型。

1. 凝灰岩、流纹岩风化残坡积物

凝灰岩、流纹岩风化残坡积物分布较广，约占全市面积 50%。主要集中分布于东南会稽山、西部龙门山丘陵低山区及枫桥—花厅—勾嵊山一线，形成的土壤类型多为山黄泥土、黄泥土、黄泥田、黄泥砂田等。

2. 砂岩、石英砂岩、花岗岩风化残坡积物

砂岩、石英砂岩、花岗岩风化残坡积物主要分布于阮市、山下湖、江藻、陈宅、东白湖的丘陵地带，形成的土壤类型多为黄泥沙土、白砂田、红砂田、黄泥砂田等。

3. 页岩、砂页岩风化残坡积物

页岩、砂页岩风化残坡积物主要分布在应店街、大唐、陶朱、五泄、浣东、枫桥等地，形成的土壤类型多为黄红泥土、黄粉泥田等。

4. 片麻岩等变质岩风化残坡积物

片麻岩等变质岩风化残坡积物集中分布于"北起赵家花明泉、东和大林""南至岭北周、璜山桐树林""东起东白湖殿南""西至街亭许村"的狭长条带，海拔 50 ~ 300 m，形成的土壤类型为红松泥、黄粉泥田等。

5. 石灰岩风化残坡积物

石灰岩风化残坡积物主要分布于应店街、五泄、大唐、浣东、江

藻等地，形成的土壤类型为油黄泥、油红泥、黄油泥田等。

6. 玄武岩风化残坡积物

玄武岩风化残坡积物零星分布于东白湖陈蔡、东和闸桥及枫桥栎桥、永宁等地，形成的土壤类型为棕黏土、红黏土及黄大泥田、红黏田等。

7. 石灰性紫（红）色砂页岩风化残坡积物

石灰性紫（红）色砂页岩风化残坡积物主要分布于城南浦阳江两侧低丘，形成的土壤类型为红紫砂土、紫泥砂田等。

8. 洪积物

洪积物多见于丘陵山区的沟谷及山口洪积扇部位，形成的土壤多为洪积泥砂土、洪积泥砂田及泥砂田等。

（二）浦阳江河谷盆地土壤母质

浦阳江河谷盆地土壤母质以河流冲积物为主，上游多为洪积物，两侧高出河床 5～10 m 的基托阶地为第四纪红土，形成的土壤类型为培泥砂土、培泥砂田、泥质田、泥筋田、黄筋泥、老黄筋泥田等。

（三）河网平原区土壤母质

诸暨北部湖畈"湖田"系历史上浦阳江出水受阻，淤塞成湖，经开渠挖河、筑堤围垦成田，母质为河湖相沉积物，颗粒黏细，形成的土壤类型多为黄斑田、烂青泥田及黄斑青泥田。

二、耕地土壤分类

土壤类型是地形、地貌、母质等自然因素和人类生产活动的客观反映，不同的土壤类型形成于不同的成土环境、发生着不同的成土过程，形成不同的剖面构型、理化性状、养分状况等特征，影响着耕地地力的变化。诸暨市地质构造复杂，出露地层齐全，岩石种类较多，成土母质多样，且地形地貌多样，人类生产活动频繁，因而，耕地土壤类型众多。

（一）县级土壤分类系统

在第二次土壤普查时（1980 年 10 月—1983 年 12 月），诸暨市按照《浙江省第二次土壤普查工作分类暂行方案》确定了县级土壤分类系统，划定分土类 5 个，其中，山/旱地 4 个、水田 1 个，分别为红壤、黄壤、岩性土、潮土、水稻土；划定亚类 12 个，其中，山/旱地 9 个、水田 3 个，分别为红壤、侵蚀型红壤、黄红壤、黄壤、侵蚀型黄壤、石灰岩土、钙质紫色土、玄武岩幼年土、潮土、潴育型水稻土、渗育型水稻土、潜育型水稻土；划定土属 46 个，其中，山/旱地 27 个、水田 19 个；划定土种 88 个，其中，山/旱地 40 个、水田 48 个。

（二）省级土壤分类系统

2011 年 12 月，诸暨市完成了耕地地力评价，根据浙江省第二次土壤普查汇总确定的《浙江省土壤分类系统》，对原土壤分类系统进行调整，实现与国家和省级土壤分类系统的衔接，重新确定了诸暨市的耕地土壤分类系统（表 2-3）。

1. 土类

土类共 8 个，其中，山/旱地 7 个、水田 1 个，包括红壤、黄壤、紫色土、石灰岩土、粗骨土、潮土、水稻土。其中，以水稻土分布最多，面积占 86.25%。红壤次之，占 10.12%。

2. 亚类

亚类共 16 个，其中，山 / 旱地 11 个，水田 5 个，包括红壤、黄红壤、红壤性土、黄壤、石灰性紫色土、酸性紫色土、棕色石灰土、黑色灰土、酸性粗骨土、灰潮土、淹育水稻土、渗育水稻土、潴育水稻土、潜育水稻土、脱潜水稻土、潜育水稻土。其中，以潴育水稻土分布最多，面积占 59.72%。第二为渗育水稻土，占 13.97%。第三为黄红壤，占 6.91%。

3. 土属

土属共 42 个，其中，山 / 旱地 24 个，水田 18 个，包括黄筋泥、砂黏质红泥、红松泥、红黏泥、亚黄筋泥、黄泥土、黄红泥土、黄黏泥、红粉泥土、油红泥、山黄泥土、红紫砂土、酸性紫砂土、碳质黑泥土、油黄泥、石砂土、白岩砂土、红砂土、棕泥土、洪积泥砂土、清水砂、培泥砂土、泥砂土、堆叠土、红砂田、红泥田、黄泥田、黄油泥田、钙质紫泥田、培泥砂田、泥砂田、洪积泥砂田、黄泥砂田、紫泥砂田、红紫泥砂田、老黄筋泥田、泥质田、黄斑田、黄斑青泥田、烂浸田、烂泥田、烂青泥田。黄泥砂田分布最大，面积占 26.43%。第二为泥质田，面积占 12.85%。第三为泥砂田，面积占 8.61%。

4. 土种

土种共 65 个，其中，山 / 旱地 32 个、水田 33 个，包括黄筋泥、褐斑黄筋泥、砂黏质红泥、红松泥、红黏泥、亚黄筋泥、黄泥土、黄泥砂土、黄砾泥、黄红泥土、黄黏泥、红粉泥土、紫粉泥土、油红泥、山黄泥土、山香灰土、红紫砂土、红紫泥土、酸性紫砂土、酸性紫泥土、碳质黑泥土、油黄泥、石砂土、白岩砂土、红砂土、棕泥土、洪积泥砂土、清水砂、培泥砂土、泥质土、泥砂土、黏质堆叠土、红砂田、红黏田、山黄泥田、黄泥田、砂性黄泥田、白砂田、黄油泥田、钙质紫泥田、培泥砂田、砂田、泥砂田、焦砾塥泥砂田、洪积泥砂田、焦砾塥洪积泥砂田、黄泥砂田、焦砾塥黄泥砂田、黄粉泥田、黄大泥田、紫泥砂田、红泥砂田、老黄筋泥田、泥砂头老黄筋泥田泥质田、泥筋田、半砂田、老培泥砂田、黄斑田、青塥黄斑田、黄斑青泥田、烂瀚田、烂黄泥砂田、烂泥田、烂青泥田。其中，黄泥砂田分布最多，面积占 16.17%。第二为泥砂田，面积占 7.07%。第三为烂青泥田，面积占 6.98%。

表 2-3　诸暨市四级土壤分类（按省级标准分类）

土类	亚类	土属	土种	编码
红壤	红壤	黄筋泥	黄筋泥	G01010101
			褐斑黄筋泥	G01010102
		砂黏质红泥	砂黏质红泥	G01010201
		红松泥	红松泥	G01010301
		红黏泥	红黏泥	G01010501
	黄红壤	亚黄筋泥	亚黄筋泥	G01020101
		黄泥土	黄泥土	G01020201
			黄泥砂土	G01020202
			黄砾泥	G01020203
		黄红泥土	黄红泥土	G01020301
		黄黏泥	黄黏泥	G01020501
	红壤性土	红粉泥土	红粉泥土	G01030101
			紫粉泥土	G01030102
		油红泥	油红泥	G01030201
黄壤	黄壤	山黄泥土	山黄泥土	G02010101
			山香灰土	G02010104
紫色土	石灰性紫色土	红紫砂土	红紫砂土	G03010201
			红紫砂土	G03010202
	酸性紫色土	酸性紫砂土	酸性紫砂土	G03020101
			酸性紫泥土	G03020102

续表

土类	亚类	土属	土种	编码
石灰岩土	黑色石灰土	碳质黑泥土	碳质黑泥土	G04010201
	棕色石灰土	油黄泥	油黄泥	G04020101
粗骨土	酸性粗骨土	石砂土	石砂土	G05010101
		白岩砂土	白岩砂土	G05010201
		红砂土	红砂土	G05010401
基性岩土	基性岩土	棕泥土	棕泥土	G06010101
潮土	灰潮土	洪积泥砂土	洪积泥砂土	G08010101
		清水砂	清水砂	G08010202
		培泥砂土	培泥砂土	G08010301
			泥质土	G08010302
		泥砂土	泥砂土	G08010401
		堆叠土	黏质堆叠土	G08010603
水稻土	淹育水稻土	红砂田	红砂田	G10010101
		红泥田	红黏田	G10010305
		黄泥田	山黄泥田	G10010401
			黄泥田	G10010404
			砂性黄泥田	G10010405
			白砂田	G10010409
		黄油泥田	黄油泥田	G10010501
		钙质紫泥田	钙质紫泥田	G10010602
	渗育水稻土	培泥砂田	培泥砂田	G10020101
			砂田	G10020105
		泥砂田	泥砂田	G10020501
			焦砾塥泥砂田	G10020502

续表

土类	亚类	土属	土种	编码
水稻土	潴育水稻土	洪积泥砂田	洪积泥砂田	G10030101
			焦砾塥洪积泥砂田	G10030104
		黄泥砂田	黄泥砂田	G10030203
			焦砾塥黄泥砂田	G10030204
			黄粉泥田	G10030210
			黄大泥田	G10030211
		紫泥砂田	紫泥砂田	G10030301
		红紫泥砂田	红泥田	G10030401
		老黄筋泥田	老黄筋泥田	G10030601
			泥砂头老黄筋泥田	G10030602
		泥质田	泥质田	G10030701
			泥筋田	G10030706
			半砂田	G10030707
			老培泥砂田	G10030708
		黄斑田	黄斑田	G10030801
			青塥黄斑田	G10030802
	脱潜水稻土	黄斑青泥田	黄斑青泥田	G10040301
	潜育水稻土	烂浸田	烂瀹田	G10050103
			烂黄泥砂田	G10050104
		烂泥田	烂泥田	G10050201
		烂青泥田	烂青泥田	G10050501

三、土壤分布规律

（一）丘陵山区

丘陵山区土壤可随着海拔高度、坡度、坡向、岩石母质、植被及人类活动的不同有所差异，土壤分布呈以下规律。

1. 红壤—黄壤的垂直分布

以东白湖镇殿南村马家山（海拔 320 m）至东白山（海拔 1 194.6 m）断面为例。海拔 500 m 以上的土壤剖面构型为 A_0-A-［B］-C 型，土壤多呈黄色，自然植被土壤表土常有一定厚度的枯枝落叶层，其中 800 m 以上土壤地表枯枝落叶厚度达 10 cm 以上。海拔 500 m 以下很少有枯枝落叶层，土壤剖面构型多为 A-［B］-C 型，土壤多呈红色。一般以海拔 500～600 m 为界，上为黄壤，下为红壤。

2. 紫色土、石灰岩土、基性岩土的隐域分布

这三类土壤的成土母质分别为紫砂岩、石灰岩和近期出露的玄武岩，因受特殊母质及土壤侵蚀的长期影响，土壤发育程度弱，使土壤的地带性分布表现微弱，而保存了母岩的某些特殊性状，而成为隐域性土壤，它们的分布直接与相应母岩出露相关。

3. 水稻土枝形复域分布

丘陵山区的水稻土主要分布在平缓坡地、山垄及小溪两旁，常呈树枝状伸展。同时，岗地、垄背及山坡上部多属淹育型水稻土，土体构型常为 A-Ap-C 型，山脚或山垄间多属潴育型，土体构型为 A-Ap-W-C 型。故丘陵山区水稻土常呈黄泥田－黄泥砂田－洪积泥砂田梯田式复域分布。

（二）河谷地区

浦阳江及其支流形成大小不同的河谷盆地、洪积扇及河漫滩等，受两侧山地所限，常是山边向河道缓缓倾斜，上游向下游逐渐降低。农业利用以水田为主，土壤类型主要为水稻土。一般上游及近江沉积颗粒较粗，且不均匀，以泥砂田、培泥砂田为主；下游及内侧，质地

匀细，多为泥质田，局部排水不畅地段常为泥筋田或烂泥田。

（三）河网平原区

河网平原区集中于北部湖畈，俗称"诸暨湖田"，总体是地势低洼，常成锅底状，地下水位较高，质地细黏，以潜育水稻土的烂青泥田分布为主。在近江两侧、微地域略高和排水条件得以改善的地段，常为潴育型的黄斑田及脱潜型的黄斑青泥田。

四、主要耕地土壤特征

（一）泥质田、混筋田、老培泥砂田

混质田、混筋田、老培泥砂田属水稻土土类，潴育型水稻土亚类，泥质田土属，主要位于浦阳江中上游及支流下游河谷平原区，以暨阳、浣东、暨南、牌头、枫桥等镇乡分布为主。母质为河流冲积物，土体深厚，质地匀细，壤土至黏壤土。土壤剖面发育，A-Ap-W-C型。农田基础设施较完善，沟渠配套，排灌条件良好，地下水位50～80 cm，耕性适中，土壤保肥供肥性协调。其中，泥筋田处于畈心及近山洼地，多属"锅底田"，质地相对较黏韧，可达黏土，多排水不畅，渍水严重，耕性差；老培泥砂田位于近江两侧，质地相对较轻，壤土为主，耕作省力，保肥性较弱。泥质田土壤基础肥力较高，早稻基础产量（即不施肥产量，下同）3 750～4 500 kg/hm²（1985—1986年），单季晚稻基础产量7 845 kg/hm²（2010—2020年），为施肥区平均产量的75.2%。1986年泥筋田早稻基础产量3 720 kg/hm²，连作晚稻基础产量3 240 kg/hm²。2010—2020年泥筋

田早稻、连作晚稻基础产量分别为 4 935 kg/hm² 和 6 594 kg/hm² 分别为施肥区产量的 65.1% 和 76.5%。

（二）烂青泥田

烂青泥田属水稻土土类，潜育型水稻土亚类，烂青泥田土属，主要分布在"诸暨湖田"区，成土母质为河湖沉积物，质地黏韧，土体深厚，全土层 1 m 以上，地势低洼，排水不畅。地下水位 20～50 cm，土体软糊，有明显的亚铁反应。土壤剖面构型 A-Ap-G 型。土性偏冷，通气透水性差，养分分解缓慢，供肥迟缓，耕作质量差。土壤基础肥力中等，早稻基础产量 4 275 kg/hm²（1986 年），单季晚稻基础产量 7 905 kg/hm²（2010—2020 年），为施肥区产量的 80.6%。

（三）黄斑青泥田

黄斑青泥田属水稻土土类，脱潜水稻土亚类，黄斑青泥田土属，系由烂青泥田改良发育而成，分布于"湖田"区内排水条件尚好或地势略高地段，土壤剖面构型 A-Ap-Gw-G 型。土壤通气透水性、耕性好于烂青泥田。早稻基础产量 4 725 kg/hm²（1985—1986 年）。

（四）黄斑田

黄斑田属水稻土土类，潴育型亚类，黄斑田土属，主要分布于"湖田"区沿江两侧头档田和地势较高部位。成土母质为河湖沉积物，质地匀细，黏土为主，耕作层略轻松，多为黏壤土。土体深厚，剖面发育，A-Ap-W-C 型，黄斑层（W 层）铁、锰斑纹密集，柱状结构，垂直节理明显，有利于水分上下交替。地下水位 50 cm 左右。园田化程度较高，排水较好，土壤通气透水性中等，保蓄能力强。早稻基

础产量 4 500 ～ 5 250 kg/hm²（1985—1986 年），单季晚稻基础产量
7 920 kg/hm²（2010—2020 年），占施肥产量的 89.0%。

（五）培泥砂田

培泥砂田属水稻土土类，渗育型水稻土亚类，培泥砂田土属，主
要分布于浦阳江中游及支流下游河谷展宽地段的河漫滩地和低阶地，
泥质田的外侧。母质为近代河流冲积物，由洪水夹带的大量泥沙淤积
而成，目前仍受特大洪水淹没，处于不断淤积中。剖面发育较明显，
呈 A–Ap–P–C 型。全土层 1 m 以上，质地均一、轻松，壤土为主，
局部为砂土。土体疏松，通透性好，耕作省力。地势平坦，园田化程
度高，排灌畅通。早稻基础产量 3 975 kg/hm²（1985—1986 年），单
季晚稻基础产量 7 890 kg/hm²（2010—2020 年）。

（六）泥砂田

泥砂田属水稻土土，类渗育型水稻土亚类，泥砂田土属，主要分
布于浦阳江上游及支流两侧河漫滩，以大唐、应店街、安华、浬浦、
璜山、陈宅、赵家等镇乡分布为主。母质以河流冲积物为主，常夹
洪积物。全土层 1 m 左右，底土常夹有卵石，质地多为壤土。耕作
省力，排水良好，通气透水性好，养分分解快，供肥性强，但漏肥
漏水，保蓄能力弱。群众称之为"菜篮田"，常有"日灌三百桶，夜
夜归原洞"之说，作物易脱肥早衰。单季晚稻基础产量 7 020 kg/hm²
（2010—2020 年），为施肥区产量的 62.9%。

（七）洪积泥砂田

洪积泥砂田属水稻土土类，潴育型亚类，洪积泥砂田土属，分布

于丘陵山区溪流峡谷和山口洪积扇。母质为洪冲积物，土层厚度不一，全土层常不足 1 m，质地壤土至黏壤土，土体内泥砂砾混杂。耕作轻松，保肥性弱，灌溉条件尚可，抗旱能力较弱。因处于丘陵谷地，光照少，并受山坑冷水串流侧渗，土温低，土壤养分释放缓慢。

（八）黄泥砂田、黄粉泥田、黄大泥田

黄大泥田属水稻土土类，潴育型水稻土亚类，黄泥砂田土属。分布遍及全市各丘陵山区的山垄、山麓坡地，多系梯田。母质为酸性岩残坡积物，由旱地红壤等富铝化土壤经长期水耕熟化发育而成，剖面分化明显，A-Ap-W-C 型。全土层 1 m 左右，质地受母土制约，各地差异明显。其中，黄泥砂田由含石英砂明显的黄泥砂土、砂黏质红泥等土壤发育而成，质地多为壤土，疏松易耕，通透性好；黄粉泥田由含粉砂含量明显的黄红泥土、红松泥、红粉泥土等土壤发育而成，质地多为粉砂质黏壤土，易淀浆板结，通透性差；黄大泥田由质地黏重的红黏泥、油红泥等土壤发育而成，质地多为黏土，土壤闭结、耕性差，土性冷。上述三类土壤因分布的海拔跨度大，土壤环境不一，带来土壤肥力的不一致性和种植制度的多样性、复杂性。多为山塘水库串流漫灌，土壤养分流失，且抗旱能力较弱。

（九）老黄筋泥田

老黄筋泥田属水稻土土类，潴育型水稻土亚类，老黄筋泥田土属。主要分布在陶朱、暨阳、暨南、牌头等镇乡的浦阳江河谷盆地边缘低丘，海拔 10～30 m，地势平缓，由黄筋泥发育而成，黏壤土，土层深厚，全土层 1 m 以上。耕作历史久，土壤熟化度高，剖面发育，A-Ap-W-C 型。多系平缓梯田、落差较小，一般以山塘水库自流灌溉，地下水位 80 cm 以下，受长期串灌漫流，表土"粉砂化"明显，易淀浆板结。质地适中，保肥供肥性良好，基础肥力中等。

（十）紫泥砂田

紫泥砂田属水稻土土类，潴育型水稻土亚类，紫泥砂田土属，主要分布在牌头、安华、暨南、暨阳等镇乡沿山低丘，母质为石灰性紫红色砂页岩风化残坡积物，由红紫砂土发育而成。全土层 70 ～ 100 cm，A-Ap-W-C 型，底土常呈微碱性，质地适中，多为壤土。通透性尚好，土壤阳离子交换量较高，适种性广。耕作轻松，淀浆性明显，土壤黏着性和结特性弱，易冲刷流失。

（十一）黄筋泥

黄筋泥属红壤土类，红壤亚类，黄筋泥土属，主要分布于陶朱、暨南、牌头等镇浦阳江两侧低丘，地形平缓，海拔 15 ～ 30 m，相对高差仅数米，坡度 3 度以下，母质为第四纪红土，土层深厚，全土层 1 m 以上，剖面发育，A-［B］型。红壤化作用强烈，红、酸、黏、瘦红壤特征表现突出。

（十二）红黏泥

红黏泥属红壤土类，红壤亚类，红黏泥土属，零星分布于东白湖陈蔡、东和十里坪、枫桥阳村与栎江等地一带。母质为玄或岩等基性岩浆岩风化残坡积物。土层深厚，全土层 1 m 以上，剖面发育，A-［B］-C 型。质地黏重，一般缺磷富钾。

（十三）红松泥

红松泥属红壤土壤，红壤亚类，红松泥土属，呈条带状分布于岭北至东和一线。母质为斜长角闪岩、片麻岩、长石石英岩等变质岩风化残坡积物。海拔一般在300 m以下，土层较厚深，全土层70～100 cm。土体结构疏松，质地适中，以黏壤土为主。耕种省力，多为坡耕地，易造成水土流失，适宜性广，是本市主要旱地资源。

（十四）砂黏质红泥

砂黏质红泥属红壤土壤，红壤亚类，砂黏质红泥土属，主要分布于姚江、山下湖、店口（阮市）一带低丘。母质为花岗岩风化残坡积物，A-［B］-C型，全土层30～50 cm，母质层（半风化层）较深。土体石英砂含量高，结特性差，无结构，不耐侵蚀，易受暴雨冲刷。表土层浅薄，保肥保水差。

（十五）黄泥土、黄泥砂土、黄砾泥

黄泥土、黄泥砂土和黄砾泥属红壤土类，黄红壤亚类，黄泥土土属，分布遍及全市，海拔500～600 m以下的丘陵山区，母质为凝灰岩、流纹岩及石英砂岩风化残坡积物，风化度较低，A-［B］-C型，土层厚度差异明显，一般全土层50～100 cm，山脚和缓坡较厚，陡坡和山背岗地浅薄。质地不一，壤土至黏壤土，石砾性明显。其中，黄泥土质地较匀细，黄泥砂土石英砂含量较多，黄砾泥砾石含量高，土层浅薄。

（十六）黄红泥土

黄红泥土属红壤土类，黄红壤亚类，黄红泥土土属，主要分布

于陶朱、浣东、应店街、大唐及阮市等一带低丘，海拔大多在 50 m
以下，地势较平缓。母质为页岩、砂页岩风化残坡积物，全土层
30～100 cm，厚度不一，A-B-C 型，但 B 层发育度差，色泽浅淡，
颗粒匀细，质地黏壤土。

（十七）红粉泥土

红粉泥土属红壤土类，红壤性土亚类，红粉泥土土属，主要分布
于勾嵊山 – 钱家坞 – 龙头岗一线丘陵山地。母质为上侏罗纪浅色凝
灰岩风化残坡积物，因岩性疏松，岩石物理风化强烈，红壤化作用不
明显，A-［B］C-C 型。土体内粉砂含量高，多为粉砂质壤土。全土
层 30～50 cm，土壤结特性差，易冲刷侵蚀。表现为土层浅薄、养分
贫乏。

（十八）红紫砂土

红紫砂属紫色土土类，石灰性紫色土亚类，红紫砂土土属，集
中分布在浦阳江茅渚埠以南两侧低丘，海拔 10～30 m。以暨阳、暨
南、牌头、安华等镇乡为主。母质为白垩纪石灰性紫色砂页岩风化残
坡积物，母岩松软易蚀，物理风化强烈，土体分化不明显，多为 AC
型。全土层 40～60 cm，pH 值 6.5～7.0，近中性，底土常有石灰反
应。质地轻松，壤土为主，土壤结特性差，易冲刷侵蚀。

（十九）油黄泥、黑油泥

油黄泥、黑油泥属石灰岩土土类，黑色、棕色石灰岩土亚类，黑
油泥、油黄泥土属，主要分布在石灰岩地区，以应店街、五泄、大
唐、姚江、浣东等镇乡分布为主。母质为石灰岩风化残坡积物。油黄

泥全土层 40～60 cm，质地黏韧，ABC 型，底部常伴有石灰反应，土壤保肥蓄水能力较强；黑油泥，土层浅薄，全土层 30～50 cm，AC 型，土体多含砾石碎片。pH 值 7.0～7.5，中性至微碱性。抗旱能力弱。油黄泥、黑油泥适宜喜钙作物种植。

第三节　耕地立地环境

不同的地形部位、坡度、地貌类型等地域环境条件差异，直接影响着耕地的利用方式、土壤属性、排灌能力等耕地地力要素。受地形地貌、地质地层、河流水文等自然格局制约，全市耕地立地环境具有一定差异。

一、坡度

据《诸暨市第三次国土调查主要数据公报》，诸暨市耕地主要集中在 15°坡度以内。从诸暨市不同坡度耕地分布情况来看（表 2-4），1 级坡度（＜3°）的耕地面积 19 307.04 hm²，占 59.56%；2 级坡度（3°～6°）的耕地面积 6 251.94 hm²，占 19.29%；3 级坡度（6°～15°）的耕地面积 4 960.89 hm²，占 15.30%；4 级坡度（15°～25°）的耕地面积 1 665.7 hm²，占 5.14%；5 级坡度（≥25°）的耕地面积 229.19 hm²，占 0.71%。

表 2-4　诸暨市耕地坡度分级分布

	坡度级别				
	1	2	3	4	5
面积（hm²）	19 307.04	6 251.94	4 960.89	1 665.7	229.19
占比（%）	59.56	19.29	15.30	5.14	0.71

二、地貌类型

从不同地貌类型耕地分布状况看（表 2-5），耕地相对集中分布在北部"诸暨湖田"河网平原、中南部浦阳江河谷平原及东、西部低丘区。

表 2-5　诸暨市不同地貌类型耕地分布面积占比

	地貌类型				
	河网平原	河谷平原	低丘大畈	低丘	高丘
耕地占比（%）	17.30	20.18	15.37	37.51	9.64
水田占比（%）	15.72	18.38	13.69	31.71	6.76
旱地占比（%）	1.58	1.81	1.68	5.80	2.88

（一）河网平原

河网平原系指北部"诸暨湖田"区，所属镇乡为店口、山下湖、姚江、次坞等，主要湖畈有白塔湖、东泌湖、西泌湖、朱公湖、连七湖、下四湖、陶湖、里亭湖等，其面积占全市耕地总面积的 17.30%，其中，水田 15.72%、旱地 1.58%。该地域地势低洼，海拔 5.0～7.0 m，河荡密布，地下水位 20～50 cm，部分地段在 20 cm

以上，接近地表。成土母质为河湖沉积物，质地黏韧，全土层深厚。耕地类型多为水田，一般为引潮提水灌溉，抗旱能力强，但易受洪涝为害。

（二）河谷平原

河谷平原系指浦阳江中上游及支流下流河谷展宽地段，所属镇乡为暨阳、浣东、陶朱、枫桥、暨南、牌头、安华等，其面积占全市耕地面积的 20.18%。该地域地势平缓，坡度 0°～3°，海拔 30 m 以下，地下水位 50～80 cm，畈心及近山凹田的"锅底"常在 50 cm 以上。成土母质河流冲积物，质地匀细，多为黏壤土，全土层 1 m 以上。耕地类型以水田为主，占全市耕地总面积的 18.38%，沿江河漫滩地多为旱地，占 1.81%。该地域一般为堰坝引水和水库自流灌溉，多为旱涝保收田。

（三）低丘大畈

低丘大畈系指浦阳江支流河谷两侧低丘较开阔地段。所属镇乡为草塔、安华、璜山、浬浦、枫桥、赵家等，面积占全市耕地总面积 15.37%，其中水田 13.69%、旱地 1.68%。该地域地势相对平缓，坡度 3°～6°，海拔 50 m 以下，地下水位 80～100 cm。成土母质多为洪冲积物及红壤性残坡积物，全土层 1 m 左右，质地不一，差异较大。该地域一般为水库山塘自流灌溉，基本旱涝保收。

（四）低丘

低丘系指海拔 50～200 m 的低丘缓坡，面积占全市耕地总面积的 37.51%。耕地多位于山垅、坡地及岗地，一般坡度 3°～6°，部分较陡,常达 6°～10°,地下水位较低,常在 100 cm 以下,一般不受地下水影响,但易受山坑侧渗冷水影响。成土母质多为洪积物及各类岩石风化残坡积物,质地差异明显,以壤土及黏壤土为主,全土层 70～100 cm。耕地类型水田占全市耕地面积 31.71%,多为梯田,旱地占 5.80%,多为坡耕地。该地域一般为水库山塘灌溉,但抗旱能力较弱,一般在 70 天以下。

(五)高丘

高丘系指海拔 200 m 以上的丘陵,主要位于西部龙门山区、东南部会稽山区,以马剑、应店街、东白湖、赵家、岭北、陈宅、璜山等镇乡为主,面积占全市耕地总面积的 9.64%。该地域多为峡谷及陡坡地,坡度可达 10° 以上。成土母质为洪积物及各类岩石残坡积物,全土层 50～70 cm,质地不一,不受地下水影响。高丘耕地类型水田占全市耕地总面积的 6.76%,多为山塘水源灌溉,因水源不足,易受干旱。峡谷地段受侧渗冷水为害。旱地占 2.8%,坡度陡,水土保持性差,流失严重。

三、排灌条件

耕地排灌条件既反映耕地的管理水平和质量,也影响着耕地地力状况和利用方式。长期以来,诸暨市各地十分注重治水改土,注重改善耕地的排灌条件,通过兴修水库、山塘,修筑堰坝,开挖引水、排涝渠道,建立动力排灌站及涵闸等水利工程,实行蓄、引、提、排综合配套的排灌措施,从而提高耕地抗旱能力和排涝能力。

至 2019 年，全市有效灌溉面积 42 850 hm²，除涝面积 17 430 hm²，易涝面积 17 430 hm²，旱涝保收面积 35 840 hm²，占耕地面积的83.51%。

（一）抗旱能力

据调查统计（表 2-6），诸暨市抗旱能力在 70 天以上的耕地面积占 74.12%；50～70 天的耕地面积占 6.63%；30～50 天的耕地面积占 8.27%；30 天以下的耕地面积占 10.98%。

表 2-6　诸暨市耕地抗旱能力分级分布

抗旱能力（天）	耕地占比（%）	水田占比（%）	旱地占比（%）
＞70	74.12	74.12	0
50～70	6.63	5.22	1.41
30～50	8.27	4.37	3.90
＜30	10.98	2.54	8.44

（二）排涝能力

受地形地貌制约，浦阳江上游及支流源短流急，中游河道弯曲，下游受江潮顶托，江水逆流，且"湖田"地势低洼，四周山水汇集。若遇暴雨，洪涝是影响农业生产和耕地地力的自然因素。从调查情况来看，易涝耕地中有 31.32% 的耕地可以达到 1 日暴雨 1 日排出，38.84% 的耕地为 1 日暴雨 2 日排出，29.84% 的耕地为 1 日暴雨 3 日排出。

第四节　耕地开发与建设

一、耕地开发历史

（一）中华人民共和国成立前

若以在浣东街道湖沿山出土的石犁为据，诸暨的耕地开发历史可以从商周时代算起，尚有 3 000 余年。耕地开发历来有三种方式，即山区开山垦地、畈区垦荒造田及湖区围湖造田。

1. 山区开山垦地

清时，即有"居山之民，多为南京贫户，道光间徙人，乞山垦种"的记载。垦殖方法，初为烧山垦种，以种植玉米为主，春播秋收。只除草不施肥，不数年，山泥冲刷，水土流失，土质变瘦，则另择山坡烧垦。也有筑梯田或随坡辟为旱地，口碑有谓今东白湖镇蔡义古村，宋时已有人垦筑梯田及旱地，今蔡郎山九曲岭上（海拔 500 m 以上）尚存可垦耕地 24.63 hm²，其中梯田 13.33 hm²，由于坡陡，故田块小，最碎的田每 667 m² 竟有 23 块（丘）。

2. 畈区垦荒造田

历史上，畈区常因赋重、战乱、水毁而造成田地荒芜。如元贞元年（1295 年），就有"民病税重，遂多抛荒"的记载，清同治五年（1866 年），就有"红杨军踞邑境，西北半县尽荒芜"的记载。垦荒造田成为畈区人民开发耕地的举措，明万历十年（1582 年），境内有垦田 780 hm²。顺治到乾隆 152 年共有垦田 375.68 hm²、耕地 166.87 hm²。其中康熙六年至五十二年（1667—1713 年）的 46 年间垦田 154.73 hm²、耕地 109.34 hm²。

3. 湖区围湖辟田

古代，诸暨有"七十二湖"，为诸水调节之所，岁久，浦阳江上游之水挟带泥沙沉积淤塞，改成荒湖。隋初，沿湖居民开始筑圩造田，至明万历三十三年（1605 年），知县刘光復亲勘诸暨境内浦阳江时，全境筑堤围垦的湖畈有 117 个，围田 15 200 hm²。至民国 13 年（1924 年），仅东、西泌湖共有历代所垦湖田 2 067.7 hm²。

（二）中华人民共和国成立后

中华人民共和国成立以来，党和政府十分重视耕地开发，尽力增加耕地数量，保障人民群众粮食安全。1950 年，中共诸暨县委和县人民政府制定《诸暨县 1950 年关于发展农业生产工作计划》中提出垦荒 53.34 hm²；1954 年，中共诸暨县委发布《诸暨县关于增产潜力和展望情况的报告》，提出全境在不影响水利的情况下，开垦荒地666.7 hm²；1955 年，中共诸暨县委在《冬季农业生产计划》中提出，到年底开垦荒地 333.3 hm² 并种上作物。

1983 年 11 月，诸暨县政府印发《关于造田造地有关事项的通知》，并与 10 个镇乡的 28 个村签订造田造地协议，到 1984 年验收，9 个镇乡 22 个村新造水田 13.09 hm²，旱地 1.16 hm²。据统计，到1996 年，全境共造田造地 612.97 hm²，其中，水田 288.94 hm²、旱地52.03 hm²、园地 272.00 hm²。

21 世纪以来，诸暨市结合标准农田、"吨粮田"建设工程，通过土地整理、低丘缓坡开发及低产田改造等措施来增加耕地面积。按照《诸暨市土地利用总体规划》（2006—2020 年），通过三条途径，开发耕地 7 139.99 hm²，以缓解城市化、工业化发展的用地矛盾：一是开发海拔 500 m 以下、坡度 25°以下、集中连片、具备土层较厚、交通便利、有较好水源条件的低丘缓坡，将园地、裸地、荒草地等开垦为耕地（图 2-2）；二是开展建设用地与废弃矿山复垦，增加耕地面积（图 2-3）；三是开展农村土地综合整治，撤拼"散、乱、小、空"的自然村和空心村，将农居废弃地、闲置地与低效利用土地复垦为耕地（图 2-4）。

图 2-2　同山镇中源村土地开发
（来源：《诸暨市国土资源志（1988—2017）》）

图 2-3　枫桥镇枫源村废弃矿山复垦
（来源：《诸暨市国土资源志（1988—2017）》）

图 2-4　璜山镇青丁山农村土地综合整治
（来源：《诸暨市国土资源志（1988—2017）》）

2015 年，根据《国土资源部关于加强管控落实最严格耕地保护制度的通知》（国土资发〔2014〕18 号）、《浙江省国土资源厅关于做好建设项目"占优补优"耕地占补平衡工作的通知》（浙土资函〔2015〕48 号）等文件精神，诸暨市启动了"旱改水"项目建设，对符合条件的地块通过土地平整、排灌渠系修建等工程，建成能种植水稻等水生作物的水田。2015—2020 年，诸暨市规划实施"旱改水"项目 1 551.24 hm²，实际验收入库 1 366.17 hm²。

二、治水改土

浦阳江干支流源短流急，上游山洪直泻，中游堤线长而平缓，常有决堤之危，下游受潮汐顶托，宣泄不畅，洪涝频繁。据历史记载，1034—1950 年间，曾发生大水灾 89 次。中华人民共和国成立后，诸暨历届政府非常重视水利建设，通过"上蓄、中分、下泄"的工程治理措施，水利面貌得到了全面改善。近年来，诸暨市分别对水库、堤防、电力排涝站、小水电站、农村饮用水水源等水利工程，分类实施除险加固、强塘固堤、技改扩容和"屋顶山塘"整治为主要内容的水利工程提升改造，并新建永宁水库，改造高湖蓄滞洪区。具体如下。

一是兴建水库。到 2020 年，诸暨市共有大型水库 2 座，中型水库 5 座，小型水库 163 座，山塘 17 196 处，总库容 4.55 亿 m³，可灌溉农田 34 153.50 hm²。

二是改造江道。采用截弯、分流、拓宽、疏浚等，以宣泄江道水流，主要有湄池湾、甲塘湾、钱池湾、三江并道等截弯工程；兰台角、三江口、蒋村等分流工程及渔村湖、夹山弄等拓宽工程。

三是筑堰开渠。2020 年末，诸暨共有堰坝 1 772 条，其中，灌溉万亩以上的有杨柳堰、王家堰等 5 条。同时，开凿沿山渠道，引山水入江，主要有东白湖渠道、朱公湖渠道，筏畈渠道等。

四是培修堤防，建设标准堤。至 2020 年，已完成城区 50 年一遇标准堤长 64.93 km，浦阳江中下游两岸建成标准堤长 160.33 km，已基本形成设计 36 个湖畈的防洪闭合圈。

五是建造电力排灌站。至 2020 年底，诸暨市共建成电力排涝站 45 座，总装机容量 26 603 kW，排涝面积 307.93 hm²。其中，中型排涝站 8 座，国有电排站 18 座（24）处，集体电排站 25 座，沿山排涝渠道 29 条总长 152 km，自排山水面积 413 hm²，排涝涵闸 128 座，极大地提高了农田灌溉和防洪抗灾能力。

三、中低产田改良

诸暨历来十分重视低产田地的改良和治理。1954 年，诸暨提出改良的对象是积水田、地改田和瘦田瘦地；1959 年，结合第一次土壤普查，诸暨提出"改土与兴修水利相结合、改土与积肥相结合、改土与平整土地相结合、改土与绿化造林相结合、改土与办场养猪相结合"的改土策略，到1960年年初，完成低产畈改良187个，面积11 007.22 hm²，改土结合平整土地4 666.9 hm²、改良烂水田2 666.8 hm²、死泥田5 733.6 hm²、砂性田2 933.58 hm²、冷水田1 733.4 hm²。如黄烂畈建成干渠3 318 m，排水沟及支渠20余条，长4 258 m，冬耕深耕49.33 hm²，耕后掺沙改土20.0 hm²。

20世纪60—70年代，诸暨开展以治水改土为中心的农田基本建设。同时，大力发展绿肥生产，增加农田有机质投入。绿肥生产主要通过"四改"技术，即改迟播、稀插为早播、密播，改淡籽下种为带肥下种，改开沟排水为开沟防水，改磷肥迟施为早肥。还有"三浸二拌"技术，即用磷酸二氢钾、钼酸铵、成人尿浸种，用根瘤菌、磷肥拌种，有效地提高了鲜草产量。

20世纪80—90年代，在不断改善农田基础设施的基础上，应用第二次土壤普查成果，因土改良，加强农艺措施的配套改良低产田。如五一乡（今属浣东街道）在1980年第二次土壤普查中查到农田三大病根，一是土壤石灰含量高，达3%～5%；二是土壤缺磷少钾，有效磷含量低于2 mg/kg；三是受侧渗水、冷泉水影响，土壤渍水严重，因此，采取停用石灰、增施磷肥及沿山开沟等措施。1981年，全县少施石灰350 t，早稻增产360 kg/hm²。1980年起，在湖畈地区，改旋耕为犁耕，加深耕作层、沟渠配套，降低地下水位、秸秆还田、提高肥力、水旱轮作，改良结构、推广燥耕晒垡等改良措施。1981年，全县深耕、燥耕晒垄面积8 000.4 hm²，据湄池公社联塘（今属店口镇）农科队试验，绿肥田早稻燥耕晒垡比灌水耕耙单产增加525 kg/hm²，总产量增加8.83%。

1994年，"湖田"渍水田及山垄冷水田等低产田推广垄畦法改良，通过"调水、改土、通气、增温、排毒"，达到增产增效。到1996年年末，全市累计推广7 001.3 kg/hm²，平均增产稻谷675 kg/hm²。此外，1994年以来，诸暨市实施国家农业综合开发中低产田改造项目，通过田、路、渠、沟、林配套及改良土壤等综合治理，截至2001年，累计改造中低产田4 533.35 hm²，项目区粮食平均增产3 000 kg/hm²，投入产出比例达到1∶3.8。

四、高产田建设

20世纪70年代初，汤江公社红村大队（今属安华镇王家塘沿村）建设高产样板，采用"四良"（良田、良种、良制、良法）配套技术，通过养猪积肥，扩大三熟制面积等措施，使25.07 hm²粮田大幅度增产，1972年平均单产14 295 kg/hm²，比1969年增加52.2%，比全市平均产量8 550 kg/hm²增加67.1%。

1990年，全市开展吨粮工程建设，共布设10个示范点，其中中心点大侣湖畈面积666.67 hm²。1991年扩大到24个镇乡381个行政村，面积14 413.41 hm²，当年示范区粮食平均产量14 436 kg/hm²，比上年增加1 092 kg/hm²，其中有9个镇乡（面积5 266.67 hm²）的产量15 465 kg/hm²，达到了年产吨粮的目标。吨粮工程建设两年共整修沟渠306.5 km，其中"三面光"渠道15.5 km。

1994年，开展现代农业园区建设，在大侣、王家井、店口、山下湖等4个镇乡进行试点，1995年扩大到25个农业园区，面积共12 466.67 hm²。到1996年农业园区共建成机耕路90.5 km，"三面光"砌石渠道99.0 km，机埠60座，桥和涵闸655处。

五、标准农田建设

标准农田指高产、稳产、优质、高效、安全、环保、经济、可持续发展的现代化农田（图 2-5）。通过土地整理等方法，对农田进行土地平整和田间水利建设，以及田间道路、田间防护林等建设，达到田成方、渠相通、路相连、林成网、灌得进、排得出的要求，使农田生产条件得到明显改善。

图 2-5　暨南街道沿江新村标准农田
（来源：《诸暨市国土资源志（1988—2017）》）

1999 年 10 月，诸暨市成立标准农田建设领导小组下设办公室，设在市土管局。至 2008 年，诸暨市已建成标准农田 40 666.15 hm²，其中划入"千万亩标准农田" 21 546.14 hm²，按照《关于开展全省标准农田及粮食生产能力调查工作的通知》（浙政发明电〔2008〕54号）文件精神，诸暨市农业局、国土资源局组织开展了标准农田地力调查与分等定级，评价数据显示全市标准农田中一等田占 32.32%（一级田 0.64%、二级田 31.68%），二等田占 67.55%（三级田 53.46%、四级田 14.08%），三等田占 0.13%（均为五级田）；"千万亩标准农田"的一等田占 46.32%（一级田 0.79%、二级田 45.43%），二等田占 53.46%（三级田 46.87%、四级田 6.59%），三等田占 0.31%（均为五级田）。

2009 年 7 月，浙江省人民政府办公厅印发了《关于开展标准农田质量提升试点工作的通知》（浙政办发〔2009〕93 号），诸暨市作为 26 个试点县（市）之一，开展千万亩标准农田质量提升工程建设，计划"通过连续 4 年的地力培育，把平原标准农田建成旱涝保收、具有吨粮生产能力的一等标准农田"，实施面积 1 336.67 hm²。至 2018 年年底，诸暨市已完成浙江省下达的所有标准农田质量提升任务，实施面积累计 6 897.04 hm²，共完成冬绿肥种植、秸秆还田、商品有机肥和配方肥推广应用、增施磷肥、补施钾肥、强化耕作、水旱轮作等土壤培肥技术措施 138 093.82 hm²，将 6 615.04 hm² 二等标准农田质量提升到一等田，综合改良非平原二等标准农田 282 hm²，涉及 23 个镇乡（街道）94 个行政村，实施规模位列浙江第一。

2020 年，诸暨市标准农田一等田面积占比为 55.49%、二等田面积占比 44.38%、三等田面积占比 0.13%，与 2008 年相比，一等田面积占比提高了 23.17 个百分点。

六、粮食生产功能区建设

2010 年，根据《浙江省人民政府办公厅关于加强粮食生产功能区建设与保护工作的意见》（浙政办发〔2010〕7 号）精神，诸暨市编制了《诸暨市粮食生产功能区建设规划（2014 年—2018 年）》，并于同年 9 月 8 日通过省级专家论证，诸暨市粮食生产功能区建设全面启动。2010 年 10 月 22 日，浙江省农业"两区"现场会在"诸暨山下湖镇新桔城村（义燕）粮食生产功能区"召开，时任浙江省省长吕祖善与副省长葛慧君亲临揭牌（图 2-6）。截至 2017 年年底，诸暨市已建设认定粮食生产功能区 468 个（图 2-7），面积共计 21 339.42 hm²（表 2-7）。

图 2-6　山下湖镇新桔城村（义燕）粮食生产功能区揭牌

图 2-7　暨南街道新南村粮食生产功能区
（来源：《诸暨市国土资源志（1988—2017）》）

表 2-7 诸暨市粮食生产功能区建设认定情况

序号	镇乡（街道）	认定数量（个）	建设面积（hm²）
1	安华镇	24	1 049.73
2	陈宅镇	18	662.07
3	次坞镇	26	1 082.07
4	大唐街道	25	1 254.93
5	店口镇	34	1 713.47
6	东白湖镇	10	442.40
7	东和乡	18	336.67
8	枫桥镇	37	1 913.20
9	浣东街道	15	558.53
10	璜山镇	23	986.67
11	暨南街道	48	2 297.27
12	暨阳街道	11	475.87
13	浬浦镇	14	556.13
14	岭北镇	3	60.00
15	马剑镇	16	654.87
16	牌头镇	28	1 450.27
17	山下湖镇	17	1 004.47
18	陶朱街道	9	461.20
19	同山镇	14	556.67
20	五泄镇	10	244.33
21	姚江镇	37	1 906.40
22	应店街镇	15	757.53
23	赵家镇	16	914.67
合计		468	21 339.42

数据来源：由诸暨市农业技术推广中心提供。

七、高标准农田建设

2013 年，按照国务院批准的《全国土地整治规划（2011—2015 年）》和国土资源部、财政部《关于加快编制和实施土地整治规划大力推进高标准基本农田建设的通知》（国土资发〔2012〕63 号）和省政府办公厅《关于大力推进高标准基本农田建设的通知》（浙政办发〔2012〕136 号）等文件要求，诸暨市人民政府办公室编制印发了《诸暨市高标准基本农田建设实施方案》（诸政办发〔2013〕96 号），计划在"十二五"时期建设高标准基本农田 26 386.79 hm²。根据《浙江省国土资源厅关于印发"四大工程"和"五大行动"实施方案的通知》（浙土资发〔2016〕6 号）部署，"十三五"时期诸暨市高标准农田建设任务为 15 333.41 hm²。

截至 2020 年年底，全市已建成高标准农田 38 588.34 hm²，其中，2012—2018 年由诸暨市国土资源局负责牵头建成 36 552.40 hm²，2019—2020 年由诸暨市农业农村局负责牵头建成 2 035.93 hm²。

第三章　耕地土壤肥力状况

第一节　土壤物理性状

 一、质地

　　土壤质地（又称土壤颗粒组成、机械组成）是指土壤中各种大小颗粒的相对含量，它反映了土壤的砂黏程度，影响着水、肥、气、热等肥力因素和土壤耕性等，是土壤最基本的性质。根据《耕地质量等级》（GB/T 33469—2016）、《全国耕地质量等级评价指标体系》（耕地评价函〔2019〕87号）等技术规范，耕地土壤质地划分为砂土、砂壤、轻壤、中壤、重壤、黏土6个类型。

　　诸暨市耕地土壤质地类型以重壤和黏土最多，分别占耕地总面积的30.22%和27.22%；中壤占耕地总面积21.18%；轻壤占耕地总面积3.21%；无砂土耕地。从土壤质地构型来看，诸暨市耕地以上松下紧型最多，面积占78.11%；紧实型的耕地面积占7.21%；夹层型的耕地面积占6.35%；海绵型的耕地面积占6.26%；松散型耕地面积占1.32%；上紧下松型耕地面积占0.76%。

二、容重

　　土壤容重是指田间自然垒结状态下单位体积的土壤质量。土壤越疏松，容重就越小。一般黏土容重比壤土容重大，心土和底土容重比表土容重大。据 2016—2020 年采集的土壤样品分析统计，诸暨市耕地土壤容重主要集中在 0.9 ～ 1.3 g/cm³，平均 1.04 g/cm³，变异系数为 0.12。其中，土壤容重在 0.9 ～ 1.1 g/cm³ 的耕地面积占 36.53%；1.1 ～ 1.3 g/cm³ 的耕地面积占 49.55%。土壤容重小于 0.9 cm³ 和大于 1.3 g/cm³ 的耕地面积分别占 13.67% 和 0.26%。不同土壤之间的容重有一定差异，这与土壤质地和结构不同有关。总体上，诸暨市绝大多数耕地土壤容重适中，基本适合作物生长，极少量耕地的容重偏高（图 3-1）。

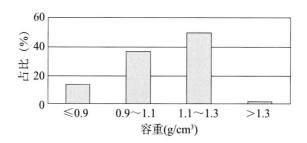

图 3-1　诸暨市不同土壤容重耕地占比

三、耕作层厚度

　　耕作层是耕作施肥影响最深刻的表层土壤，也是作物根系的主要活动场所，高产耕地通常具有松软深厚的耕作层，是耕地地力水平高低的重要标志之一。

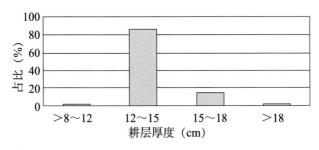

图 3-2 诸暨市耕地耕作层厚度分级分布

据 2016—2020 年采集的土壤样品分析统计，诸暨市土壤有效土层厚度 ≥ 60 cm 的耕地面积占 85.69%，其中 ≥ 100 cm 的耕地面积占42.16%，耕作层厚度最小值 9.0 cm，最大值 23 cm，平均 14.56 cm，标准差 1.25，变异系数 0.09。耕作层厚度集中在 12 ~ 15 cm，占85.41%；15 ~ 18 cm 的耕地面积占 14.06%；大于 18 cm 的耕地面积占 0.42%（图 3-2）。由此可见，诸暨市耕作层整体较浅薄。

从利用类型来看，诸暨市水田土壤耕作层平均厚度 14.59 cm，略深于旱地 14.40 cm。从不同坡度耕地来看，1 级与 2 级坡度的平原耕地土壤耕作层厚于 3 ~ 5 级坡度的丘陵山地（表 3-1）。

表 3-1 诸暨市不同坡度级别的耕作层厚度比较（cm）

坡度级别	耕作层厚度范围	平均值	标准差	变异系数
1	13.0 ~ 19.00	15.10	0.84	0.06
2	13.0 ~ 20.00	15.17	0.89	0.06
3	9.00 ~ 23.00	14.62	2.21	0.15
4	11.00 ~ 21.00	14.33	1.01	0.07
5	13.02 ~ 19.00	14.02	0.63	0.04

数据来源：2008—2020 年测土配方施肥项目成果。

从各土壤类型（土种）耕作层厚度统计分析看，耕作层平均厚度在 15 cm 以上的土种有黄斑田、黄斑青泥田、泥质田、培泥砂田、老培泥砂田、砂田等。

第二节　土壤保肥性和酸碱度

一、阳离子交换量

土壤的阳离子交换量（Cation Exchange Capacity，简称 CEC）是指土壤胶体所能吸附各种阳离子的总量。CEC 的大小，基本上代表了土壤可能保持的养分数量，是评价土壤保肥能力的主要指标。CEC 主要决定于胶体含量、胶体种类、土壤酸碱度（pH 值）。土壤质地越黏重，所含矿质胶体数量越多，则 CEC 越大；各类土壤胶体的 CEC 相差悬殊，2∶1 型的矿物 CEC 明显高于 1∶1 型矿物；由于可变电荷的存在，CEC 随着 pH 值的升高而增加。因此，有机质含量较丰富和黏粒含量较高的土壤常有较高的 CEC。

据 2008—2020 年采集的土壤样品分析统计，诸暨市耕地土壤 CEC 在 5.06 ～ 28.19 cmol（+）/kg，平均值为 13.05 cmol/kg，标准差 2.95，变异系数 0.22。耕地土壤保肥性水平中等。从分级分布情况来看，土壤 CEC 在 5 ～ 10 cmol（+）/kg 的耕地面积占 9.71%；10 ～ 15 cmol（+）/kg 的耕地面积占 61.38%；15 ～ 20 cmol（+）/kg 的耕地面积占 24.88%；＞ 20 cmol（+）/kg 的耕地面积占 4.03%（图 3-3）。

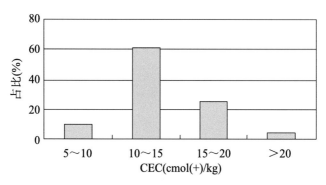

图 3-3　诸暨市耕地土壤 CEC 的分级占比

在利用类型上,水田土壤 CEC 高于旱地。诸暨市水田土壤 CEC 范围为 5.24 ～ 28.19 cmol(+)/kg、平均 13.16 cmol(+)/kg,旱地土壤 CEC 范围为 5.06 ～ 27.16 cmol(+)/kg、平均 12.33 cmol(+)/kg。耕地土壤 CEC 一般随耕地坡度的升高而降低,平原耕地土壤 CEC 高于丘陵山地(表 3-2)。

表 3-2　诸暨不同坡度级别的耕地土壤 CEC 比较

坡度级别	CEC 范围(cmol(+)/kg)	平均值(cmol(+)/kg)	标准差	变异系数
1	8.83 ～ 28.19	17.91	2.68	0.15
2	7.67 ～ 23.62	13.37	2.12	0.16
3	7.20 ～ 22.97	12.46	2.03	0.16
4	4.66 ～ 24.89	12.46	2.40	0.19
5	5.96 ～ 23.04	11.04	1.91	0.17

数据来源:2008—2020 年测土配方施肥项目。

不同土壤类型(土种)的 CEC 存在明显差异,土壤质地较黏,土壤有机质含量越高则 CEC 就越高,反之则低(表 3-3)。诸暨市耕地土壤 CEC 较高的土种有烂青泥田、黄斑青泥田、黄斑田、泥筋田和黄油泥田等,其 CEC 平均值分别为 18.84 cmol/kg、19.33 cmol/kg、17.30 cmol/kg、15.10 cmol/kg 和 16.35 cmol(+)/kg;较低的土壤类型是砂田、山黄泥田、砂性黄泥田、培泥砂田、洪积泥砂田、白岩砂土、黄泥砂土、泥砂土等。

表 3-3　诸暨市部分耕地 CEC 与土壤质地、土壤有机质含量比较

土种名称	质地	有机质含量（g/kg）		CEC（cmol（+）/kg）	
		范围	平均值	范围	平均值
烂青泥田	黏土	22.15～54.30	39.15	9.88～29.19	18.84
黄斑青泥田	黏土	26.94～49.50	38.79	8.83～26.68	19.33
黄斑田	黏壤土－黏土	22.25～53.23	38.87	8.63～28.14	17.30
泥筋田	黏壤土－黏土	28.84～55.64	39.13	9.94～21.26	15.10
泥质田	壤土－黏壤土	9.62～59.46	37.33	8.15～23.62	13.86
培泥砂田	壤土	16.26～50.56	35.04	7.44～18.94	12.70
泥砂田	壤土	14.24～56.54	35.47	6.82～22.03	12.36
砂田	砂土	11.78～47.77	29.57	7.45～15.64	11.31
黄油泥田	黏土	22.75～55.72	41.95	12.06～20.38	16.35
黄泥砂田	壤土	7.60～59.14	34.97	5.83～22.33	12.23

数据来源：2008—2020 年测土配方施肥项目。

二、酸碱度

土壤酸碱度（pH 值）是土壤重要的基本性质，也是影响土壤肥力和农作物生长的一个重要因素。土壤中有机质的合成与分解、营养元素的转化与释放、微生物活动以及微量元素的有效性等都与土壤酸碱度有密切关系。

据 2016—2020 年采集的土壤样品分析统计，诸暨市土壤 pH 值为 4.5～5.5（酸性）的耕地面积占 24.08%；pH 值为 5.5～6.5（微酸性）的耕地面积占 65.04%；pH 值为 6.5～7.5（中性）的耕地面积占 10.66%；pH 值为 7.5～8.5（微碱性）的耕地面积占 0.24%。全市耕地土壤以微酸性和酸性土壤为主（图 3-4）。

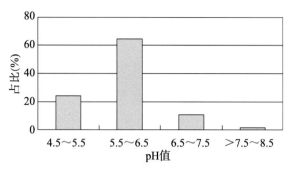

图 3-4　诸暨市耕地土壤 pH 值的分级占比

诸暨市位于亚热带地区，丘陵山地土壤风化较强，脱硅富铝化作用明显，土壤 pH 值以酸性与微酸性为主。耕作施肥、母岩特征等对土壤 pH 值也有较大的影响。

第三节　土壤有机质

土壤有机质是土壤固相的组成部分，不仅对土壤结构、容重、耕性有重要影响，而且是土壤养分的潜在来源，对土壤的保肥性和供肥性也有很大的影响。耕地土壤有机质的丰缺不仅与水热条件、母质等因素有关，而且也受培肥措施影响。

据 2016—2020 年采集的土壤样品分析统计，诸暨市耕地土壤有机质含量最小值 6.03 g/kg，最大值 67.80 g/kg，平均含量 34.60 g/kg，其中 30 ～ 40 g/kg 的耕地面积最多，占 55.97%；土壤有机质含量＞40 g/kg 的耕地面积占 23.19%；土壤有机质含量 20 ～ 30 g/kg 的耕地面积占 18.54%；土壤有机质含量 10 ～ 20 g/kg 的耕地面积占 2.28%；土壤有机质含量≤ 10 g/kg 的耕地面积占 0.02%（图 3-5）。

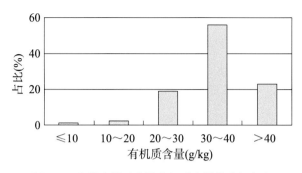

图 3-5 诸暨市耕地土壤有机质含量的分级占比

　　土壤有机质含量与地形地貌、成土母质、土壤质地、水分及耕作施肥、利用方式等关系密切。诸暨市耕地土壤有机质含量平均值随耕地坡度的升高而降低（表 3-4）。从利用方式上来看，水田土壤有机质含量范围为 6.22 ～ 67.80 g/kg、平均 35.12 g/kg，旱地土壤有机质含量范围为 6.03 ～ 64.54 g/kg、平均 33.72 g/kg，水田明显高于旱地。

表 3-4 诸暨不同坡度级别的耕地土壤有机质含量比较（g/kg）

坡度级别	范围	平均值	标准差	变异系数
1	6.03 ～ 67.80	36.17	7.54	0.21
2	9.67 ～ 67.65	35.05	7.77	0.22
3	7.03 ～ 64.78	32.91	7.77	0.24
4	11.37 ～ 62.68	31.47	7.77	0.25
5	12.01 ～ 62.29	31.35	7.94	0.25

数据来源：2008—2020 年测土配方施肥项目成果。

　　在平原水稻土区，河湖沉积物发育的黄斑田、黄斑青泥田、烂青泥田有机质高于洪冲积发育的泥质田、泥筋田、培泥砂田等。不同水型的水稻土有机质含量不一，依次是潜育型水稻土（烂青泥田）＞脱潜型水稻土（黄斑青泥田）＞潴育型水稻土（黄斑田、泥质田）＞渗育型水稻土（培泥砂田、泥砂田等）。在丘陵山区，石灰岩及基性岩风化发育的土壤有机质含量较高，酸性岩浆岩（凝灰岩）、砂岩等风化发育得较低。因此，土壤类型（土种）之间有机质含量差异明显（表3-5）。

表3-5 诸暨市代表性耕地土壤的有机质含量比较

土种名称	地形部位	成土母质	利用方式	水稻土类型	有机质平均含量（g/kg）
烂青泥田	平原	河湖沉积	水田	潜育型	39.51
黄斑青泥田	平原	河湖沉积	水田	脱潜型	38.79
黄斑田	平原	河湖沉积	水田	潴育型	38.87
泥质田	平原	河流冲积物	水田	潴育型	37.33
培泥砂田	平原	河流冲积物	水田	渗育型	35.04
砂田	平原	河流冲积物	水田	渗育型	29.57
黄油泥田	丘陵	石灰岩风化	水田	渗育型	41.95
黄泥砂田	丘陵	红壤性物	水田	潴育型	34.97
红黏田	丘陵	玄武岩风化	水田	淹育型	39.13
黄泥土	丘陵	凝灰岩风化	旱地	/	16.22
棕泥土	丘陵	玄武岩风化	旱地	/	17.62
红松泥	丘陵	变质岩风化	旱地	/	14.57
山黄泥土	丘陵	凝灰岩风化	旱地	/	15.45
山黄泥田	丘陵	黄壤性物	水田	淹育型	35.19

数据来源：2008—2020年测土配方施肥项目成果。

第四节　土壤大量元素

一、全氮

　　土壤全氮是土壤中各种形态氮素含量之和，包括有机态氮和无机态氮。土壤全氮含量随土壤深度的增加而急剧降低。土壤全氮含量处于动态变化之中，取决于氮的积累和消耗的相对多寡，特别是取决于土壤有机质的生物积累和水解作用。据 2016—2020 年采集的土壤样品分析统计，诸暨市耕地土壤全氮含量最小值 0.19 g/kg，最大值 3.78 g/kg，平均含量 1.96 g/kg，其中，以全氮含量在 2.0 ～ 2.5 g/kg 的耕地面积最多，占 45.06%；全氮含量在 1.5 ～ 2.0 g/kg 的耕地面积占 38.42%；全氮含量在 0.5 ～ 1.5 g/kg 的耕地面积占 9.35%；全氮含量 > 2.5 g/kg 的耕地面积占 7.02%；全氮含量 ≤ 0.5 g/kg 的耕地面积占 0.15%（图 3-6）。

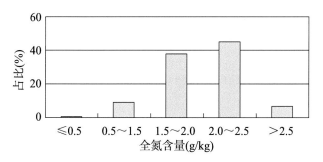

图 3-6 诸暨市耕地土壤全氮含量的分级占比

从坡度等级来看，土壤全氮含量平均值随耕地坡度的升高而降低（表 3-6）。从利用方式上来看，水田土壤全氮含量范围为 0.19 ～ 3.78 g/kg、平均 1.98 g/kg，旱地土壤全氮含量范围为 0.21 ～ 3.73 g/kg、平均 1.95 g/kg，水田略高于旱地。

表 3-6 诸暨市不同坡度级别的耕地土壤全氮含量比较（g/kg）

坡度级别	范围	平均值	标准差	变异系数
1	0.19 ～ 3.78	2.03	0.38	0.19
2	0.21 ～ 3.73	1.97	0.39	0.20
3	0.25 ～ 3.73	1.90	0.40	0.21
4	0.30 ～ 3.47	1.87	0.42	0.23
5	0.54 ～ 3.37	1.88	0.42	0.23

诸暨市耕地土壤全氮（y）与土壤有机质（x）呈显著正相关，两者关系为$y=0.0541x+0.123$（$r=0.9440^*$，$n=8234$），有机质含量越高，全氮也越高（图3-7）。

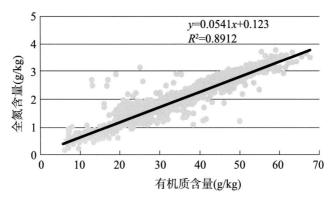

图3-7　诸暨市耕地土壤有机质含量与全氮含量的关系

二、有效磷

土壤有效磷是土壤中可被植物吸收的磷素组分，包括全部水溶性磷、吸附态磷、有机态磷和难溶态磷。

据2016—2020年采集的土壤样品分析统计，诸暨市耕地土壤有效磷含量最小值1.00 mg/kg，最大值218.40 mg/kg，平均含量8.34 mg/kg，标准差9.99，变异系数1.21。其中，土壤有效磷含量≤5 mg/kg的严重缺磷耕地面积占47.59%；有效磷含量在5～10 mg/kg的缺磷耕地面积占31.35%；有效磷含量在10～20 mg/kg的耕地面积占14.51%；有效磷含量在20～40 mg/kg的耕地面积占5.04%；有效磷含量＞40 mg/kg的耕地面积占1.51%（图3-8）。总体上，诸暨市耕地土壤缺磷面积达78.94%。

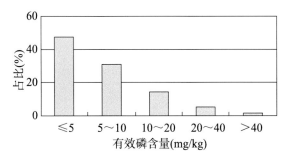

图 3-8　诸暨市不同耕地土壤有效磷含量的分级占比

　　利用方式、地貌特征对耕地土壤有效磷有一定的影响。诸暨市旱地土壤有效磷含量范围为 1.00 ～ 218.40 mg/kg，平均为 8.93 mg/kg；水田土壤有效磷含量范围为 1.00 ～ 194.90 mg/kg，平均为 7.99 mg/kg；旱地土壤有效磷高于水田。丘陵山区土壤有效磷含量高于平原区，耕地土壤有效磷平均值随坡度的升高而增加（表 3-7）。

表 3-7　诸暨市不同坡度级别的耕地土壤有效磷含量比较（mg/kg）

坡度级别	范围	平均值	标准差	变异系数
1	1.00 ～ 184.40	7.5	9.37	1.24
2	1.00 ～ 194.90	7.59	9.23	1.23
3	1.10 ～ 218.40	8.92	10.98	1.23
4	1.10 ～ 191.80	11.87	13.98	1.18
5	1.20 ～ 137.80	11.24	11.3	1.01

　　受成土母质、地形、水分、耕作方式等因素制约，不同土壤类型之间有效磷含量存在差异。在平原水稻土区，河湖沉积物母质发育的烂青泥田、黄斑青泥田、黄斑田土壤有效磷含量普遍低于河流冲积母质发育的泥质田、培泥砂田等。在丘陵水稻土区，红壤类土壤形成的黄泥砂田、黄粉泥田、黄大泥田普遍低于石灰岩、紫砂岩风化物母质发育的油黄泥田、紫泥砂田和洪积、洪冲积母质发育的泥砂田、洪积

泥砂田。同为红壤类土壤，其旱地的黄泥砂土有效磷含量普遍高于改为水田后的黄泥砂田（表3-8）。

表3-8　诸暨市代表性耕地土壤的有效磷含量比较（g/kg）

土种名称	成土母质	地形部位	利用方式	有效磷平均含量
烂青泥田	河湖沉积	平原	水田	2.90
黄斑青泥田	河湖沉积	平原	水田	1.08
黄斑田	河湖沉积	平原	水田	4.75
泥质田	河流冲积物	平原	水田	3.98
培泥砂田	河流冲积物	平原	水田	4.40
泥砂田	洪冲积物	丘陵	水田	7.80
洪积泥砂田	洪积物	丘陵	水田	8.05
黄泥砂田	红壤性残坡积物	丘陵	水田	6.14
黄泥砂土	红壤性残坡积物	丘陵	旱地	7.46
黄油泥田	石灰岩风化物	丘陵	水田	9.57
紫泥砂田	石灰性紫色砂页岩	丘陵	水田	7.56
红紫砂土	石灰性紫色砂页岩	丘陵	旱地	8.23

三、速效钾

速效钾是土壤中易被作物吸收利用的钾素，包括土壤溶液钾及土壤交换性钾。速效钾含量是表征土壤钾素供应状况的重要指标之一。

据2016—2020年采集的土壤样品分析统计，诸暨市耕地土壤速效钾平均含量82.61 mg/kg，标准差23.62 mg/kg，变异系数0.29。其中，土壤速效钾含量在50～80 mg/kg的缺钾耕地面积占48.07%，速效钾含量≤50 mg/kg的严重缺钾耕地面积占5.26%；速效钾含量在

80 ～ 100 mg/kg 的耕地面积占 27.89%；速效钾含量在 100 ～ 150 mg/kg 的耕地面积占 16.41%；速效钾含量 > 150 mg/kg 的耕地面积占 2.35%（图 3-9）。

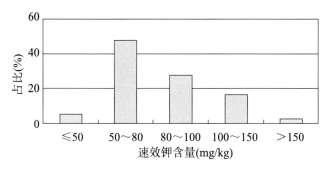

图 3-9　诸暨市耕地土壤速效钾含量的分级占比

　　不同的利用方式、地貌特征对耕地土壤速效钾含量有一定影响。土壤速效钾含量随耕地坡度的升高而增加，丘陵区耕地土壤速效钾含量高于平原耕地（表 3-9）。旱地土壤速效钾含量平均 83.94 mg/kg，水田平均 77.59 mg/kg，旱地高于水田。

表 3-9　诸暨市不同坡度级别的耕地土壤速效钾含量比较（mg/kg）

坡度级别	范围	平均值	标准差	变异系数
1	27.00 ～ 423.00	81.99	25.98	0.32
2	15.00 ～ 410.00	82.26	28.97	0.35
3	20.00 ～ 387.00	82.20	28.63	0.35
4	21.00 ～ 385.00	86.32	29.61	0.34
5	32.00 ～ 281.00	88.15	32.50	0.37

　　各土壤类型（土种）速效钾含量统计表明，土壤速效钾含量与土壤质地有一定的关系，黏粒含量高的土壤速效钾含量也较高，反之则

低（表3-10）；土壤速效钾含量一般从高到低是黏土＞壤土＞砂土。

表 3-10　诸暨市代表性耕地土壤的速效钾含量比较（mg/kg）

土种名称	土壤质地	范围	平均值	标准差	变异系数
烂青泥田	黏土	47.00～264.00	95.56	20.61	0.22
黄斑青泥田	黏土	46.00～132.00	88.67	17.77	0.20
黄斑田	黏壤土、黏土	45.00～240.00	86.16	18.24	0.21
泥质田	壤土、黏壤土	34.00～178.00	78.27	17.19	0.22
培泥砂田	壤土	32.00～140.00	71.26	15.26	0.20
泥砂田	壤土	5.00～231.00	78.38	24.27	0.31
洪积泥砂田	壤土	26.00～205.00	78.52	22.11	0.28
砂田	砂土	38.00～119.00	68.06	15.18	0.22

第五节　土壤中量元素

一、交换性钙

　　钙元素在土壤中的存在形态主要有矿物态、交换态、水溶态及少量的有机结合态。其中交换态钙和水溶态钙合称为有效态钙，是植物可利用的钙。交换性钙是指吸附于土壤胶体表面的钙离子。

　　据2016—2020年采集的土壤样品分析统计，诸暨市耕地土壤交换性钙平均含量 1 272.40 mg/kg，最小值 101.33 mg/kg，最大值

3 843.11 mg/kg，标准差 414.54 mg/kg，变异系数 0.33。其中，含量＞
2 500 mg/kg 的耕地面积占 1.11%；含量在 2 000～2 500 mg/kg 的耕地
面积占 9.43%；含量在 1 200～2 000 mg/kg 的耕地面积占 44.94%；
含量在 800～1 200 mg/kg 的耕地面积占 38.52%；含量在 400～
800 mg/kg 的耕地面积占 5.82%（图 3-10）。

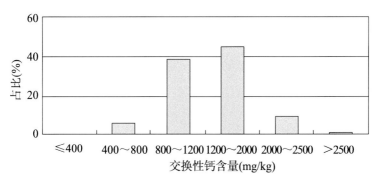

图 3-10　诸暨市耕地土壤交换性钙含量的分级占比

利用方式、地貌特征对耕地土壤交换性钙含量有一定影响。旱地
土壤交换性钙含量平均 1 286.31 mg/kg，水田平均 1 187.43 mg/kg，旱
地高于水田。土壤交换性钙含量平均值随耕地坡度的升高而降低，平
原耕地土壤交换性钙高于丘陵耕地（表 3-11）。

表 3-11　诸暨市不同坡度级别的耕地土壤交换性钙含量比较（mg/kg）

坡度级别	范围	平均值	标准差	变异系数
1	705.99～3 121.45	1 912.57	391.10	0.20
2	533.02～2 633.48	1 236.11	228.09	0.18
3	526.60～3 122.83	1 190.21	325.84	0.27
4	167.63～3 843.11	1 248.19	373.29	0.30
5	101.33～2 500.97	973.26	279.94	0.29

土壤交换性钙的含量随 pH 值的升高而增加。诸暨市石灰岩发育的黑油泥、油黄泥、黄油泥田的 pH 平均值分别为 6.59、6.23 和 6.63，其交换性钙平均含量分别为 1 886.51 mg/kg、1 579.71 mg/kg 和 2 132.37 mg/kg；河网平原区的烂青泥田、黄斑青泥田、黄斑田 的 pH 平均值分别为 5.99、5.87 和 6.17，其交换性钙平均含量分别为 2 038.69 mg/kg、2 159.80 mg/kg 和 1 906.24 mg/kg；而丘陵区的黄筋泥、山黄泥土、山黄泥田的 pH 值平均分别为 5.58、5.55 和 5.48，其交换性钙平均含量分别为 1 115.40 mg/kg、793.89 mg/kg 和 670.39 mg/kg。

二、交换性镁

交换性镁，是指被土壤胶体所吸附，并能被一般交换剂所交换出来的镁。土壤交换态镁是植物可以利用的镁，其含量是表征土壤供镁状况的主要指标。土壤交换态镁含量与土壤的阳离子交换量、盐基饱和度以及矿物性质有关。阳离子交换量高的土壤，其交换态镁的含量也高，反之则较低。

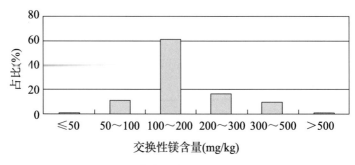

图 3-11　诸暨市耕地土壤交换性镁含量的分级占比

据 2016-2020 年采集的土壤样品分析统计，诸暨市耕地土

壤交换性镁平均含量 167.61 mg/kg，最小值 20.13 mg/kg，最大值
760.59 mg/kg，标准差 81.93 mg/kg，变异系数 0.49。其中，土壤交换
性镁含量 ≤ 50 mg/kg 的耕地面积占 0.10%；含量在 50 ~ 100 mg/kg
的耕地面积占 11.48%；含量在 100 ~ 200 mg/kg 的耕地面积占
61.18%；含量在 200 ~ 300 mg/kg 的耕地面积占 16.72%；含量在
300 ~ 500 mg/kg 的耕地面积占 9.77%；含量 > 2 500 mg/kg 的耕
地面积占 0.75%（图 3-11）。

诸暨市耕地土壤交换性镁含量的分布与交换性钙含量分布基本
相似。水田土壤交换性镁含量 > 旱地土壤交换性钙含量，水田平均
为 169.15 mg/kg，旱地平均为 157.57 mg/kg。土壤交换性镁含量随耕
地坡度的升高而降低，平原区耕地土壤交换性镁含量高于丘陵区耕地
土壤交换性钙含量（表 3-12）。河网平原区的烂青泥田、黄斑青泥田
及黄斑田土壤交换性镁含量较高，分别 253.42 mg/kg、238.45 mg/kg 和
260.12 mg/kg；河谷平原区的泥质田、培泥砂田土壤交换性镁含量分
别为 198.87 mg/kg 和 157.83 mg/kg；丘陵区黄筋泥、山黄泥土、山黄
泥田土壤交换性镁含量较低，分别为 150.39 mg/kg、101.05 mg/kg 和
93.89 mg/kg，而石灰岩、基性岩发育的土壤交换性镁较高，黑油泥、
黄油泥田、黄黏泥、棕泥土分别为 196.81 mg/kg、204.22 mg/kg、
194.95 mg/kg 和 199.70 mg/kg。

表 3-12 诸暨市不同坡度级别的耕地土壤交换性镁含量比较（mg/kg）

坡度级别	范围	平均值	标准差	变异系数
1	50.02 ~ 517.14	246.35	81.47	0.33
2	50.48 ~ 754.88	177.21	99.55	0.56
3	54.86 ~ 649.77	153.20	75.47	0.49
4	20.13 ~ 760.59	159.14	68.23	0.43
5	32.74 ~ 452.52	134.37	47.75	0.36

第六节 土壤微量元素

一、有效铁

据 2016—2020 年采集的土壤样品分析统计，诸暨市耕地土壤有效铁含量最小值 12.94 mg/kg，最大值 221.84 mg/kg，平均 131.47 mg/kg，标准差 21.95 mg/kg，变异系数 0.16。其中土壤有效铁含量＞ 40 mg/kg 的耕地面积占 99.76%；土壤有效铁含量在 30 ～ 40 mg/kg 的耕地面积占 0.16%；土壤有效铁含量在 20 ～ 30 mg/kg 的耕地面积占 0.07%；土壤有效铁含量在 10 ～ 20 mg/kg 的耕地面积占 0.01%。总体上，全市耕地土壤供铁充足。

从土地利用来看，水田土壤有效铁含量＞旱地土壤有效铁含量，水田平均含量 132.85 mg/kg，旱地平均含量 122.81 mg/kg。在区域分布上，平原区耕地土壤有效铁含量＞丘陵区耕地有效铁含量，土壤有效铁含量平均值随耕地坡度的升高而降低（表 3-13）。

表 3-13 诸暨市不同坡度级别的耕地土壤有效铁含量比较（mg/kg）

坡度级别	范围	平均值	标准差	变异系数
1	67.94 ～ 221.84	157.77	14.64	0.09
2	71.89 ～ 196.12	141.31	9.84	0.07
3	66.26 ～ 180.01	136.47	11.61	0.09
4	12.94 ～ 201.51	124.42	21.28	0.17
5	19.78 ～ 167.88	109.30	21.23	0.19

不同类型土壤有效铁含量存在一定的差异，并与土壤氧化还原状态（即水分状况）有关，地下水位高，土壤还原性强，有效铁含量就高，反之则低。"湖田"区的烂青泥田、黄斑青泥田、黄斑田等土壤有效铁平均含量分别达到 155.87 mg/kg、164.82 mg/kg 和 160.09 mg/kg。河谷平原区渍水较重的泥筋田土壤有效铁含量高于泥质田、培泥砂田等。在丘陵山区，因地下水位较低或不受地下水影响，土壤有效铁含量相对较低。

二、有效锰

据 2016—2020 年采集的土壤样品分析统计，诸暨市耕地土壤有效锰平均含量 35.52 mg/kg，最小值 9.64 mg/kg，最大值 95.75 mg/kg，标准差 9.27 mg/kg，变异系数 0.26。耕地土壤有效锰含量均在缺锰临界值 5 mg/kg 以上，其中有效锰含量在 15～30 mg/kg 的耕地面积占 24.12%；有效锰含量在 30～45 mg/kg 的耕地面积占 58.67%；有效锰含量在 45～60 mg/kg 的耕地面积占 13.25%；有效锰含量 > 60 mg/kg 的耕地面积占 4.0%（图 3-12）。总体上，诸暨市耕地土壤有效锰供应充足。

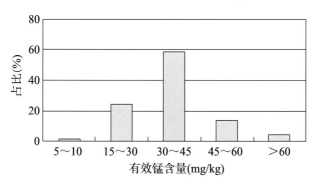

图 3-12　诸暨市耕地土壤不同有效锰含量占比

诸暨市耕地土壤有效锰含量的区域变化与有效铁相似。水田土壤有效锰含量＞旱地土壤有效锰含量，水田土壤有效锰平均含量35.99 mg/kg，旱地土壤有效锰平均含量32.54 mg/kg。土壤有效锰含量平均值随耕地坡度的升高而降低，平原区耕地土壤有效锰含量高于丘陵区耕地土壤有效锰含量（表3-14）。

表 3-14　诸暨市不同坡度级别的耕地土壤有效锰含量比较（mg/kg）

坡度级别	范围	平均值	标准差	变异系数
1	30.35 ～ 95.75	50.74	10.59	0.21
2	20.35 ～ 87.24	40.73	5.80	0.14
3	18.02 ～ 77.64	34..58	5.59	0.16
4	11.64 ～ 84.87	32.18	5.85	0.18
5	13.70 ～ 45.82	27.23	3.28	0.12

与有效铁相似，不同类型土壤有效锰含量亦与土壤氧化还原状态有关，北部"湖田"土壤有效锰较高，烂青泥田、黄斑青泥田、黄斑田土壤有效锰平均含量分别为50.35 mg/kg、54.56 mg/kg、50.90 mg/kg；中南部河谷平原土壤有效锰相对较低，泥筋田、泥质田、培泥砂田土壤有效锰平均含量分别为42.79 mg/kg、42.24 mg/kg 和40.52 mg/kg；丘陵山区更低，黄泥砂田、洪积泥砂田、黄泥田土壤有效锰平均含量仅分别为31.00 mg/kg、30.49 mg/kg 及34.90 mg/kg。

三、有效锌

据 2016—2020 年采集的土壤样品分析统计，诸暨市耕地土壤有效锌含量最小值 0.51 mg/kg，最大值 2.84 mg/kg，平均含量 1.42 mg/kg，标准差 0.19 mg/kg，变异系数 0.13。其中，有效锌含量在 1.0 ～ 3.00 mg/kg 的耕地面积占 98.89%；有效锌含量在 0.5 ～ 1.0 mg/kg 的耕地面积占

1.11%。土壤有效锌含量均高于缺锌临界值 0.5 mg/kg。全市耕地土壤有效锌能基本满足作物生长的需要。

在不同利用类型和地域分布上，诸暨市耕地土壤有效锌含量的变化规律与有效铁、有效锰相似。水田土壤有效锌含量略高于旱地，水田土壤有效锌平均含量 1.43 mg/kg，旱地土壤有效锌平均含量 1.34 mg/kg。土壤有效锌含量平均值随耕地坡度的升高而降低，平原区耕地土壤有效锌含量高于丘陵区耕地土壤有效锌含量（表 3-15）。

表 3-15　诸暨市不同坡度级别的耕地土壤有效锌含量比较（mg/kg）

坡度级别	范围	平均值	标准差	变异系数
1	0.87～2.32	1.59	0.14	0.09
2	1.04～2.64	1.55	0.12	0.08
3	0.70～2.05	1.47	0.13	0.09
4	0.51～2.84	1.34	0.15	0.11
5	0.76～2.63	1.25	0.17	0.14

不同土壤类型（土种）之间有效锌含量存在一定差异。土壤有效锌含量在 1.5 mg/kg 以上的主要土种有黄斑青泥田、黄斑田、烂青泥田、老黄筋泥田、老培泥砂田、泥筋田、泥质田、培泥砂田、紫泥砂田、黄筋泥等；土壤有效锌含量在 1.3 mg/kg 以下的主要土种有黄油泥田、烂黄大泥田、烂潏田、砂性黄泥田、山黄泥田、黑油泥、棕泥土、山黄泥土、山黄砾泥等。由此可见，土壤有效锌含量高低与母质、pH 值、土壤水分及土壤温度状况等因素有一定关系。

四、有效铜

据 2016—2020 年采集的土壤样品分析统计，诸暨市耕地土壤有效铜含量最小值 0.42 mg/kg，最大值 6.84 mg/kg，平均值 3.48 mg/kg，标准差 0.94 mg/kg，变异系数 0.27。从含量分级分布情况来看，全市耕地土壤有效铜含量均高于缺铜临界值 0.2 mg/kg，其中，有效铜含量>3.4 mg/kg 的耕地面积占一半以上，达 56.56%；有效铜含量在 2.6～3.4 mg/kg 的耕地面积占 30.79%；有效铜含量在 1.8～2.6 mg/kg 的耕地面积占 10.32%；有效铜含量在 1.0～1.8 mg/kg 的耕地面积占 2.02%；有效铜含量在 0.2～1.0 mg/kg 的耕地面积占 0.32%。

诸暨市耕地土壤有效铜含量在不同利用类型和地域分布上的变化规律与有效铁、有效锰、有效锌相似。水田土壤有效铜含量略高于旱地，水田平均含量 3.54 mg/kg，旱地平均含量 3.11 mg/kg。土壤有效铜含量随耕地坡度的升高而降低，平原区耕地土壤有效铜含量高于丘陵区耕地土壤有效铜含量（表 3-16）。

表 3-16　诸暨市不同坡度级别的耕地土壤有效锌含量比较（mg/kg）

坡度级别	范围	平均值	标准差	变异系数
1	1.81～6.84	4.94	0.71	0.14
2	1.52～6.80	3.93	0.58	0.15
3	1.71～6.47	3.54	0.68	0.19
4	0.42～5.88	3.13	0.74	0.24
5	0.48～5.14	2.58	0.64	0.25

受母质、有机质等多种因素的影响，各土壤类型（土种）之间有效铜含量差异明显，北部"湖田"的黄斑田、黄斑青泥田、烂青泥田土壤有效铜含量高，分别为 5.17 mg/kg、4.93 mg/kg 和 4.72 mg/kg；位于高丘的山黄泥土、山黄泥田较低，其含量分别为 2.30 mg/kg 和 1.98 mg/kg。同类母质发育的土壤，偏砂性的土壤有效铜较低。例如，同为河流冲积母质发育的泥筋田、泥质田、培泥砂田，前两者有效铜

含量分别为 4.03 mg/kg 和 4.09 mg/kg，而后者因砂性重，其有效铜含量相对较低，为 3.82 mg/kg。

五、有效硼

据 2016—2020 年采集的土壤样品分析统计，诸暨市耕地土壤有效硼含量最小值 0.06 mg/kg，最大值 2.03 mg/kg，平均值 0.17 mg/kg，标准差 0.14 mg/kg，变异系数 0.80。诸暨市土壤有效硼低于缺硼临界值 0.5 mg/kg 的耕地面积占 98.33%，其中低于 0.2 mg/kg 的耕地面积占 90.71%，表明诸暨市耕地土壤普遍缺硼，甚至严重缺硼。

诸暨市水田与旱地之间土壤有效硼含量相差不大，水田平均含量 0.17 mg/kg，旱地 0.16 mg/kg。在地域分布上，耕地土壤有效硼为平原区略高，坡度更高的丘陵区耕地更低（表 3-17）。在不同土壤类型上，"湖田"区的烂青泥田、黄斑青泥田、黄斑田土壤有效硼较高，超过 0.2 mg/kg，分别达到 0.33 mg/kg、0.22 mg/kg 和 0.24 mg/kg。

表 3-17　诸暨市不同坡度级别的耕地土壤有效硼含量比较（mg/kg）

坡度级别	范围	平均值	标准差	变异系数
1	0.06～2.03	0.28	0.29	1.04
2	0.10～1.43	0.15	0.05	0.33
3	0.10～0.24	0.15	0.01	0.09
4	0.06～1.65	0.17	0.13	0.80
5	0.07～0.18	0.14	0.01	0.10

气候对土壤有效硼影响较大，多雨季节，土壤中水溶性硼容易流失，在干旱季节又易使土壤有效硼固定；在砂土或砂性较重的土壤，遇到干旱季节，水分不足，极易发生缺硼或加剧作物缺硼症。种植油

菜，若遇到年前干旱少雨，特别是砂性土壤，更应注重硼肥的施用，以防"花而不实"。

六、有效钼

据 2016—2020 年采集的土壤样品分析，诸暨市耕地土壤有效钼含量最小值 0.06 mg/kg，最大值 0.30 mg/kg，平均含量 0.13 mg/kg，标准差 0.02 mg/kg，变异系数 0.17。全市土壤有效钼含量 ≤ 0.10 mg/kg 的耕地面积占 5.89%；有效钼含量在 0.10 ～ 0.15 mg/kg 的耕地面积占 80.68%；有效钼含量在 0.15 ～ 0.20 mg/kg 的耕地面积占 11.83%；有效钼含量在 0.2 ～ 0.30 mg/kg 的耕地面积占 1.60%。诸暨市土壤有效钼低于缺钼临界值 0.15 mg/kg 的耕地面积达 86.57%，属缺钼地区。

全市水田土壤有效钼平均含量略高于旱地土壤有效钼平均含量，水田平均含量 0.13 mg/kg，旱地 0.12 mg/kg。在地域分布上，土壤有效钼含量平均值随耕地坡度的升高而降低，平原区耕地土壤有效钼含量高于丘陵区耕地土壤有效钼含量（表 3-18）。

表 3-18　诸暨市不同坡度级别的耕地土壤有效钼含量比较（mg/kg）

坡度级别	范围	平均值	标准差	变异系数
1	0.09 ～ 0.30	0.15	0.03	0.23
2	0.08 ～ 0.20	0.14	0.01	0.11
3	0.06 ～ 0.18	0.13	0.02	0.14
4	0.06 ～ 0.24	0.12	0.07	0.12
5	0.09 ～ 0.17	0.12	0.01	0.09

诸暨市耕地土壤有效钼平均含量 ≥ 0.15 mg/kg 临界值的土种有烂青泥田、黄斑青泥田、泥筋田、泥质田、黄筋泥及老黄筋泥田，其成土母质为河湖相沉积物、河流冲积物和第四纪红土。

七、有效硒

硒是土壤中分布广泛的一种元素，大量研究表明，它能抑制化学致癌物，对镉、汞、砷等重金属的毒性有明显拮抗作用。因此，硒已成为近年来各地学者的一个重要研究对象。

据农业部门 2016—2020 年采集的土壤样品分析与诸暨市自然资源和规划局的土地质量地质调查成果数据，全市耕地土壤有效硒含量最小值 0.03 mg/kg，最大值 0.77 mg/kg，平均含量 0.37 mg/kg，标准差 0.04 mg/kg，变异系数 0.35。土壤有效硒含量 ≤ 0.10 mg/kg 的硒严重缺乏耕地面积占 1.13%；有效硒含量在 0.10～0.2 mg/kg 的耕地面积占 7.35%；有效硒含量在 0.2～0.4 mg/kg 的适量耕地面积占 59.34%；有效硒含量在 0.4～3.0 mg/kg 的富集耕地面积占 32.11%，有效硒含量 > 3.0 mg/kg 的过剩耕地面积占 0.07%（图 3-13）。诸暨市的耕地土壤富硒程度较高。

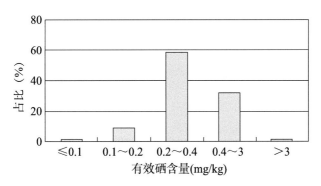

图 3-13　诸暨市耕地土壤有效硒含量的分级分布

诸暨市耕地土壤有效硒含量在空间上的分布具有分带性，总体为北高南低，西北部山区及中北部平原为高背景区，中部大部分平原区为中背景区，南部山区及丘陵等为低背景区。全市富硒耕地主要集中在应店街镇、次坞镇、陶朱街道及枫桥镇、浣东街道、姚江镇交界处，同山镇西部与浦江县交界处也有零星分布，这与不同区域岩性和成土母质差异有关。

第七节　时空变化特征

一、空间变化

由于不同区域地形地貌、成土母质、水分条件、耕作方式等存在一定差异，因此诸暨各镇乡（街道）的耕地土壤肥力指标也表现性状也存在差异。

（一）耕作层厚度

表 3-19 统计结果表明，应店街镇耕作层较浅薄，平均厚度 13.95 cm；岭北、东白湖、马剑、五泄、浬浦、陈宅、璜山、大唐、同山、枫桥等 10 个镇乡（街道）的耕作层厚度平均值为 14.02 ～ 14.48 cm；东和、暨南、次坞、安华、浣东、店口、牌头、山下湖、陶朱、姚江 10 个镇乡（街道）的平均值为 14.50 ～ 15.00 cm；暨阳街道和赵家镇的耕层较厚，平均值分别为 15.29 cm 和 15.63 cm。

表 3-19　诸暨市耕地土壤主要肥力指标空间分布

序号	镇乡（街道）	耕作层厚度（cm）	pH 值	有机质（g/kg）	全氮（g/kg）	有效磷（mg/kg）	速效钾（mg/kg）
1	安华镇	14.67	5.70	31.80	1.76	10.11	72.17
2	陈宅镇	14.27	5.45	26.17	1.64	7.58	67.77
3	次坞镇	14.65	6.08	39.33	2.22	8.45	93.61
4	大唐街道	14.33	5.76	33.98	1.81	8.93	94.88
5	店口镇	14.71	5.71	37.30	2.12	3.86	83.85
6	东白湖镇	14.03	5.62	30.31	1.92	16.89	90.55
7	东和乡	14.51	5.63	30.17	1.67	5.40	79.65
8	枫桥镇	14.48	5.76	37.49	2.01	4.44	68.56
9	浣东街道	14.69	5.94	37.46	2.37	8.88	81.78
10	璜山镇	14.30	5.59	31.19	1.75	7.82	65.12
11	暨南街道	14.55	5.61	33.66	1.96	6.28	74.14
12	暨阳街道	15.29	5.82	34.86	1.97	5.95	79.57
13	浬浦镇	14.20	5.50	28.23	1.60	12.78	58.58
14	岭北镇	14.02	5.67	24.94	1.49	16.38	76.42
15	马剑镇	14.04	5.63	36.06	2.09	13.22	71.56
16	牌头镇	14.76	5.63	34.15	1.94	6.65	77.12
17	山下湖镇	14.81	5.78	38.27	2.16	11.89	103.15
18	陶朱街道	14.84	5.74	36.56	2.01	7.86	88.88
19	同山镇	14.42	6.02	32.16	1.78	9.64	88.56
20	五泄镇	14.11	6.61	37.89	2.15	10.14	105.73
21	姚江镇	14.91	6.25	34.66	2.04	9.84	85.13
22	应店街镇	13.95	6.27	40.74	2.31	9.04	120.12
23	赵家镇	15.63	5.88	36.58	1.87	7.92	79.10

注：以上数据均为平均值，源自 2008—2020 年测土配方施肥项目成果。

（二）pH 值

各乡镇街道耕地土壤 pH 值也有一定的差异（表 3-19），陈宅镇最低，平均值为 5.45；五泄镇最高，平均值为 6.61；泄浦、璜山、暨南、东白湖、东和、马剑、牌头、岭北、安华、店口、陶朱、大唐、枫桥、山下湖、暨阳、赵家、浣东等 17 个镇乡（街道）的平均值为 5.50 ～ 5.94；同山、次坞、姚江、应店街 4 个镇乡（街道）的平均值为 6.02 ～ 6.27。

（三）有机质

不同乡镇耕地土壤有机质含量差别明显（表 3-19），岭北镇最低，有机质含量平均 24.94 g/kg；陈宅镇和泄浦镇低于 30 g/kg，平均值分别为 26.17 g/kg 和 28.23 g/kg；东和、东白湖、璜山、安华、同山、暨南、大唐、牌头、姚江、暨阳等 10 个镇乡（街道）的平均值为 30.17 ～ 34.86 g/kg；马剑、陶朱、赵家、店口、浣东、枫桥、五泄、山下湖、次坞等 10 个镇乡（街道）的平均值为 36.06 ～ 39.33 g/kg；应店街镇有机质含量最高，平均值为 40.74 g/kg。

（四）全氮

土壤全氮含量与有机质区域变化相似（表 3-19），岭北镇最低，全氮含量平均 1.49 g/kg；浣东街道最高，平均 2.37 g/kg；泄浦、陈宅、东和、璜山、安华、同山、大唐、赵家、东白湖、牌头、暨南、暨阳等 12 个镇乡（街道）的平均值为 1.60 ～ 1.97 g/kg；枫桥、陶朱、姚江、马剑、店口、五泄、山下湖、次坞、应店街、浣东等 10 个镇乡（街道）的平均值为 2.01 ～ 2.37 g/kg。

（五）有效磷

耕地土壤有效磷含量空间变化较大（表 3-19），店口镇和枫桥镇最低，有效磷平均含量分别为 3.86 mg/kg 和 4.44 mg/kg；东和、暨阳、暨南、牌头、陈宅、璜山、陶朱、赵家、次坞、浣东、大唐、应店街、同山、姚江等 14 个镇乡（街道）的平均值为 5.40 ～ 9.84 mg/kg；安华、五泄、山下湖、浬浦、马剑等 4 个镇乡（街道）的平均值为 10.11 ～ 13.22 mg/kg；岭北镇和东白湖镇较高，平均值分别为 16.38 mg/kg 和 16.89 mg/kg。

（六）速效钾

耕地土壤速效钾含量以浬浦镇最低（表 3-19），平均 58.58 mg/kg；应店街镇最高，平均 120.12 mg/kg；璜山、陈宅、枫桥、马剑、安华、暨南、岭北、牌头、赵家、暨阳、东和等 14 个镇乡（街道）的平均值为 65.12 ～ 79.65 mg/kg；浣东、店口、姚江、同山、陶朱、东白湖、次坞、大唐等 8 个镇乡（街道）的平均值为 81.78 ～ 94.88 mg/kg；山下湖镇和五泄镇的平均值分别为 103.15 mg/kg 和 105.73 mg/kg。

二、时间变化

以第二次土壤普查（1980 年）、耕地地力评价（2010 年）和耕地质量评价（2020 年）3 个时间节点的土壤肥力数据，分析了诸暨市耕地土壤肥力 40 年来的变化。

（一）耕作层厚度

图 3-14 可知，在 1980—2010 年的 30 年里，耕作层厚度 ≤ 12 cm 的耕地面积占比下降了 15.63 个百分点，2010 年耕作层厚度（14.42 cm）比 1980 年下降了 1.07 cm，降幅为 6.91%，尤其是耕作层厚度 >18 cm 的耕地面积占比下降了 20.66 个百分点，这与大型机械化操作替代畜力翻耕有一定关系。2020 年耕作层厚度平均 14.56 cm，比 2010 年提高了 0.14 cm，其中耕作层厚度为 15 ～ 18 cm 的耕地面积占比提高了 3.87 个百分点，但是耕作层厚度 >18 cm 的耕地面积占比却下降了 2.60 个百分点。

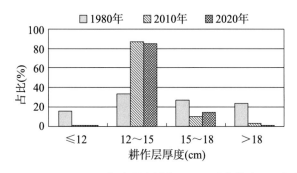

图 3-14　1980—2020 年诸暨市耕作层不同厚度耕地面积占比

（二）pH 值

耕地土壤呈现明显的酸化趋势（图 3-15），酸化耕地面积增加较多，与 1980 年相比，2010 年 pH 值 4.5 ～ 5.5 的酸性耕地面积占比增加了 25.81%，pH 值 5.5 ～ 6.5 的微酸耕地面积占比基本持平，pH 值 6.5 ～ 7.5 的中性耕地面积占比减少了 24.53%，pH 值 7.5 以上的耕地面积仅占 0.03%。在 2010—2020 年间，土壤酸化趋势得到遏制，pH 值 4.5 ～ 5.5 和 pH 值 5.5 ～ 6.5 的耕地面积占比逐步降低，pH 值 6.5 ～ 7.5

的耕地面积占比提高了 4.84 个百分点。

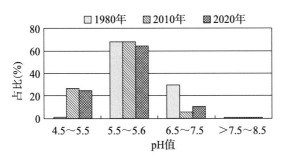

图 3-15　1980—2020 年诸暨市耕地土壤不同 pH 值耕地面积占比

（三）有机质

1980—2020 年，耕地土壤有机质呈现一定的变化（图 3-16），耕地土壤有机质总体增加，其中土壤有机质含量 >40 g/kg 的耕地面积占比持续递增；土壤有机质含量 30 ～ 40 g/kg 的耕地面积占比在 1980—2010 年增加了 14.22%，增幅为 33.40%，2010 年以后增势放慢；土壤有机质含量 20 ～ 30 g/kg 的耕地面积占比在 1980—2010 年减少了 24%，降幅为 68.91%。2010 年以前，土壤有机质含量 10 ～ 20 g/kg 的有机质较缺乏耕地面积占比较多，2010 年以后逐年减少，至 2020 年已低于 1980 年时的占比。

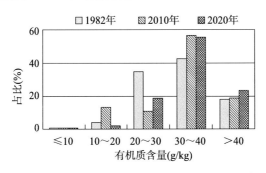

图 3-16　1982—2020 年诸暨市耕地土壤不同有机质含量耕地面积占比

（四）全氮

从各时期耕地土壤全氮含量构成也发生了变化（图 3-17），全氮含量 ≤ 1.5 mg/kg 的耕地面积占比持续下降，1980—2020 年共下降了 13.69%，降幅为 59.03%；全氮含量为 1.5 ～ 2.0 mg/kg 的耕地面积从 1980 年的 39.72% 下降至 2010 年的 27.35%，2020 年又上升至 38.42%；全氮含量为 2.0 ～ 2.5 mg/kg 的耕地面积从 1980 年的 28.91% 上升至 2010 年的 49.57%，2020 年略有下降，为 45.06%；全氮含量 > 2.5 mg/kg 的耕地面积占比在 1980 年为 8.18%，2010 年下降至 6.84%。2020 年增加至 7.02%

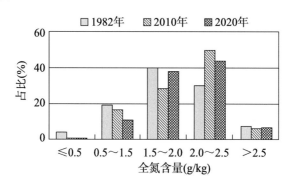

图 3-17　1982—2020 年诸暨市耕地土壤不同全氮含量耕地面积占比

（五）有效磷

1980—2020 年，耕地土壤有效磷含量呈增加的趋势（图 3-18），土壤有效磷含量 ≤ 5.0 mg/kg 的磷严重缺乏耕地面积占比持续下降，40 年内共下降 22.49 个百分点，降幅为 32.90%；有效磷含量在 5 ～ 10 mg/kg 的磷较缺乏耕地面积占比持续提高，已从 1980 年的 15.93% 提高到 2020 年的 31.35%；土壤有效磷含量 >10 mg/kg 的耕地面积占比在 1980 年的 13.79 mg/kg，提高至 21.06 mg/kg。整体上全市耕地有效磷含量在提高。

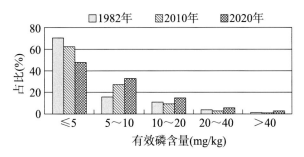

图 3-18 1982—2020 年诸暨市耕地土壤不同有效磷含量耕地面积占比

（六）速效钾

1982—2010 年，耕地土壤速效钾含量增加明显（图 3-19），土壤有效钾含量≤ 50.0 mg/kg 的钾严重缺乏耕地面积占比下降较多，下降了 50.61%，降幅为 93.34%；2010—2020 年耕地土壤速效钾含量增加了 1.67%，速效钾含量 >80 mg/kg 的耕地面积，也提高了 30.54%，其中 1982—2010 年增长较快。诸暨整体耕地缺钾现象得到进一步遏制。

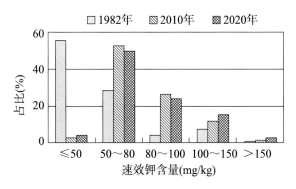

图 3-19 1982—2020 年诸暨市耕地土壤不同速效钾含量耕地面积占比

第四章 耕地质量等级评价

第一节 评价技术路线

一、评价方法的历史沿革

耕地质量是指由耕地地力、土壤健康状况和田间基础设施构成的满足农产品持续产出和质量安全的能力。自古以来，评价耕地生产能力的方法和评价指标一直在变革改进中。

明清时期，耕地等级分为一则、上则、中则、下则。民国时期，分等略细，田分额田、上田、中田、下田、新田 5 等，地分额地、新地 2 等。如 20 世纪 30 年代，诸暨县宜东乡（今属暨阳街道）南山村水田分属二等至五等，共四个级别，其中二等田分布在浙赣铁路沿线，种植条件较好，能种双季稻，粮食单产 5 250 kg/hm²；三等田，分布在村庄周围，能种双季稻，粮食单产 4 200 kg/hm²；四等田，部分不能种双季稻，粮食单产 3 150 kg/hm²；五等田，分布在沿山脚，水源短缺，阳光不足，一般年份粮食单产 750 kg/hm² 左右，干旱年份只能种荞麦等低产作物。

中华人民共和国成立初期，诸暨通过多次查田定产，划片评议，由县议会确定等级。1952 年，全境分定 31 个等级，其中水田 28 个等级，单产 5 250 kg/hm² 为一等田，750 kg/hm² 为二十八等田，级差 10 kg/hm²。

第一次和第二次土壤普查时，根据耕地环境条件、养分状况及生产水平，划定高产田和低产田。据第二次土壤普查统计，诸暨有烂糊田、冷水田、靠天田、漏水田、淀浆板结田等低产田地面积 12 320.00 hm²。1991 年，诸暨市开展农业综合开发后备土地资源调查，全境"四荒、四低"土地面积共 53 180.00 hm²，占土地总面积的 22.94%；其中低产田面积 15 286.67 hm²，占耕地总面积的 23.26%；丘陵山区低产田产量低于 4 500 kg/hm²，平原区低产田产量低于 6 000 kg/hm²；其类型有渍涝型、瘠薄型、缺水型、冷浸型、坡耕地等。

1994 年，诸暨市结合《诸暨市土地利用总体规划》（1991—2010 年）的编制，根据海拔高度、坡度、土体厚度、表土有机质、排灌条件、土壤酸碱度等 6 个因子，对宜农类土地进行评价定级，6 个参评因子分为一、二、三级，再综合评出一、二、三等（表 4-1）。

表 4-1　宜农土地适宜性等级评定标准（1994 年）

级别	海拔（m）	坡度（°）	土层厚度（cm）	有机质（g/kg）	排灌条件	酸碱度
一级	< 150	< 6	> 70	30 ~ 50	保证	中性
二级	150 ~ 250	6 ~ 15	50 ~ 70	15 ~ 30	基本保证	微酸性或微碱性
三级	250 ~ 500	15 ~ 25	30 ~ 50	< 15	一般保证	中度酸性或中度碱性
评等标准	一等	除有机质允许二级外，其余参评因子均为一级。				
	二等	除个别参评因子为一级和三级外，其余均为二级。				
	三等	至少有 2 个参评因子为三级指标。				

1996 年，农业部[①]发布了《全国耕地类型区、耕地地力等级划分》（NY/T 309—1996），地形部位、成土母质、剖面构型、水型、冬季地下水位、耕层厚度、耕层质地、物理性障碍层次、排灌条件、耕

---

① 农业部，2018 年 3 月国家机构改革，组建农业农村部。

地土壤理化性状（有机质、全氮、有效磷、速效钾、pH 值、阳离子交换量）、熟制、产量水平等指标，将耕地分为十个地力等级。根据耕地基础地力不同所构成的生产能力，各级粮食单产水平从高到低为 13 500～1 500 kg/hm²，每个级差 1 500 kg/hm²。

2008 年，根据《浙江省标准农田地力调查与分等定级技术规范》（浙农专发〔2008〕29 号），诸暨市采用地貌类型、坡度、冬季地下水位、地表砾石度、剖面构型、耕层厚度、容重、耕层质地、pH 值、有机质、阳离子交换量、有效磷、速效钾、排灌或抗旱能力、水溶性盐总量、土壤障碍因子等 16 个指标的评价体系，将全市标准农田评定为三等五级，其中一级和二级为一等，三级和四级为二等，五级为三等，经评定，一等、二等、三等的面积占比分别为 32.32%、67.55%、0.13%。

2011 年，根据测土配方施肥项目建设要求，诸暨市开展了耕地地力评价工作。诸暨市农业技术推广中心结合本地实际，考虑到诸暨属黄红壤地区、非滨海地区水溶性盐总量均小于 1 g/kg、旱地土壤的容重测定误差较大、土壤障碍因子难确定等因素，在浙江省确定的 16 个指标中选择了地貌类型、坡度、冬季地下水位、地表砾石度、剖面构型、耕层厚度、耕层质地、pH 值、阳离子交换量、有机质、有效磷、速效钾及排涝（抗旱）能力等 13 个指标，形成诸暨市耕地地力评价指标体系，将全市耕地地力分为三等五级，其中一级和二级为一等，三级和四级为二等，五级为三等，经评定，一等、二等、三等的面积占比分别为 28.66%、69.19%、2.16%。

2016 年，由全国农业技术推广服务中心牵头起草的《耕地质量等级》（GB/T 33469—2016）正式发布，该标准规定了耕地质量区域划分、指标确定、耕地质量等级划分流程等内容，将耕地共划为 10 个质量等级。2019 年，农业农村部耕地质量监测保护中心印发了《全国耕地质量等级评价指标体系》（耕地评价函〔2019〕87 号），要求县级农业农村部门依据《耕地质量等级》（GB/T 33469—2016），按照统一确定的各二级农业区评价指标体系，开展县域耕地质量等级评价。

二、评价原则与依据

（一）评价原则

1. 综合因素研究与主导因素相结合原则

综合因素研究是指对地形地貌、土壤理化性状、相关社会经济因素之总体进行全面的研究、分析与评价，以全面了解耕地质量状况。土地是一个自然经济综合体，是人们利用的对象，对土地质量的鉴定涉及自然、社会和经济等多个方面，耕地质量也是各类要素的综合体现。主导因素是指对耕地质量起决定作用的、相对稳定的因子，在评价中要着重对其进行研究分析。因此，把综合因素与主导因素结合起来进行评价可以对耕地质量做出科学准确地评定。

2. 定量和定性相结合原则

土地系统是一个复杂的灰色系统，定量和定性要素共存，相互作用，相互影响。因此，为了保证评价结果的客观合理，宜采用定量和定性相结合的评价方法。在总体上，为了保证评价结果的客观合理，尽量采用定量评价方法，对可定量化的评价因子，如有机质等养分含量、耕层厚度等按其数值参与计算，对非数量化的定性因子，如耕层质地、土体构型等进行量化处理，确定其相应的指数，并建立评价数据库，以利于计算机进行运算和处理，尽量避免人为随意性因素影响。在评价因素筛选、权重确定、评价标准、等级确定等评价过程中,尽量采用定量化的数学模型,在此基础上则充分运用专家知识,对评价的中间过程和评价结果进行必要的定性调整,定量与定性相结合,从而保证评价结果的准确合理。

3. 采用 GIS 支持的自动化评价方法原则

自动化、定量化的土地评价技术方法是当前土地评价的重要方向之一。近年来,随着计算机技术,特别是 GIS 技术在土地评价中的不断应用和发展,基于 GIS 的自动化评价方法已不断成熟,使土地评价的精度和效率大大提高。耕地质量评价工作通过数据库建立、评价模型及其与 GIS 空间分析模型等的结合,实现全数字化、自动化的评价流程。

4. 最小数据集原则。

因可选用的评价指标的繁复性,且生产上应用性较差,为简化评价体系,可采用土壤参数的最小数据集(Minimum Data Set,简称 MDS)原则。MDS 中的各个指标必须易于测定且重现性良好。MDS 应包括土壤物理、化学和生物三方面表征土壤状况的最低数量的指标。其中,有关土壤化学的数据较多,而土壤物理的数据较少,土壤生物的数据则更为鲜见。土壤物理指标因其具有较好的稳定性,在评价体系中起着重要的作用。

(二)评价依据

按照《耕地质量等级》(GB/T 33469—2016)中的规定,耕地质量是一个综合概念,其核心组成涉及耕地地力、土壤健康状况、田间基础设施三个方面。因此,开展耕地质量评价主要依据与此相关的各类自然和社会、经济要素。

1. 耕地地力

耕地地力是指在当前管理水平下，由土壤立地条件、自然属性等相关要素构成的耕地生产能力。立地条件，指与耕地地力直接相关的地形地貌及成土条件，包括成土母质；土壤自然属性，包括土体构型、耕作层土壤理化性状、土壤特殊理化指标。

2. 土壤健康状况

土壤健康状况是指土壤作为一个动态生命系统具有的维持其功能的持续能力，用清洁程度、生物多样性表示。清洁程度反映了土壤受重金属、农药和农膜残留等有毒有害物质影响的程度；生物多样性反映了土壤生命力丰富程度。

3. 田间基础设施

农田基础设施包括田、林、路、电、水。田，即有合理适度的田块长度和宽度；林，即具有农田防护与生态环境保护功能的林网；路，即具有合适路网密度以及机耕路、生产路布局，满足农机作业、农业物资运输等农业活动的要求；电，即具有满足农业生产所需的输送电力设施；水，即具有完善的灌溉排水系统，工程配套完备，能够实现输、配、灌、排及时高效。

三、评价技术流程

（一）数据准备阶段

准备阶段主要是明确工作目标，收集基础数据，主要包括评价范围、对象、标准的确定，以及野外调查样点布局规划等。

1. 资料收集

基础数据收集主要是开展与质量评价相关的图件资料、数据及文本资料等资料的收集整理，具体包括：①图件资料，主要包括"三调"耕地类和恢复类图斑分布图、土壤图、行政区划图、地貌图等。其中"三调"耕地类和恢复类图斑分布图、土壤图、行政区划图主要用于确定等级上图的工作单元；②数据及文本资料，包括最新农业生产基本情况；历史耕地质量评价文本资料；区、乡、村编码表；土壤志、补充耕地等资料。

2. 样点分析化验数据

分析化验资料主要包括近 3 年耕地质量调查点数据、测土配方施肥检测数据、长期定位监测数据和耕地地力评价历史调查点位信息；近几年土壤改良、地力培肥数据，主要提取其中测试数据，包括容重、质地、有效土层厚度等物理数据和有机质、有效磷、速效钾、全氮、pH 值等常规数据。

（二）评价阶段

耕地质量评价主要是指内业数据处理、计算、结果验证与分析等环节，即根据确定的耕地质量评价指标体系，包括指标权重和指标隶属度，计算耕地质量综合指数、划分质量等级。

1. 指标权重与指标隶属度确定

按照《耕地质量等级》（GB/T 33469—2016）和农业农村部耕地质量监测保护中心关于印发《全国耕地质量等级评价指标体系》的通知（耕地评价函〔2019〕87 号），诸暨市的耕地质量等级划分区域范围为"长江中下游区—江南丘陵山地农林区"，由地形部位、灌溉能力、有机质、耕层质地、pH 值、排水能力、有效磷、速效钾、质地构型、有效土层厚度、土壤容重、障碍因素、生物多样性、农田林网化、清洁程度等 15 个指标组成诸暨市耕地质量等级评价标体系。评价体系各指标权重见表 4-2,其中地形部位、耕层质地、灌溉能力、耕层质地、pH 值、排水能力、质地构型、障碍因素、生物多样性、农田林网化、清洁程度等 9 个概念型指标隶属度见表 4-3,pH 值、有机质、有效磷、速效钾、有效土层厚度、土壤容重等 6 个数值型指标隶属函数见表 4-4。

表 4-2 诸暨市耕地质量等级评价标体系指标权重

指标类型	指标名称	指标权重
立地条件	地形部位	0.1 404
剖面性状	耕层质地	0.0754
	质地构型	0.0539
耕层理化性状	有效土层厚度	0.0523
	土壤容重	0.0437
耕层养分状况	有机质	0.1082
	pH 值	0.0660
	有效磷	0.0573
	速效钾	0.0568
土壤障碍因素	障碍因素	0.0428
田间基础设施	灌溉能力	0.1376
	排水能力	0.0646
	农田林网化	0.0324
土壤健康	清洁程度	0.0279
	生物多样性	0.0407

表 4-3　诸暨市耕地质量等级评价标体系概念型指标隶属度

指标名称	指标分类分级隶属度										
地形部位	山间盆地	宽谷盆地	平原低阶	平原中阶	平原高阶	丘陵上部	丘陵中部	丘陵下部	山地坡上	山地坡中	山地坡下
	0.8	0.95	1	0.95	0.9	0.6	0.7	0.8	0.3	0.45	0.68
耕层质地	砂土		砂壤		轻壤		中壤		重壤		黏土
	0.6		0.85		0.9		1		0.95		0.7
质地构型	薄层型	松散型	紧实型		夹层型		上紧下松型		上松下紧型		海绵型
	0.55	0.3	0.75		0.85		0.4		1		0.95
生物多样性	丰富				一般				不丰富		
	1				0.8				0.6		
清洁程度	清洁						尚清洁				
	1						0.8				
障碍因素	盐碱		瘠薄		酸化		渍潜		障碍层次		无
	0.5		0.65		0.7		0.55		0.6		1
灌溉能力	充分满足			满足		基本满足		不满足			
	1			0.8		0.6		0.3			
排水能力	充分满足			满足		基本满足		不满足			
	1			0.8		0.6		0.3			
农田林网化	高				中				低		
	1				0.85				0.7		

注：数字是隶属度，用于计算耕地质量综合指数。

表 4-4　诸暨市耕地质量等级评价标体系数值型指标隶属函数

指标名称	函数类型	函数公式	a 值	c 值	u 的下限值	u 的上限值
pH 值	峰型	$y=1/[1+a(u-c)^2]$	0.221 129	6.811 204	3.0	10.0
有机质	戒上型	$y=1/[1+a(u-c)^2]$	0.001 842	33.656 446	0	33.7

指标名称	函数类型	函数公式	a 值	c 值	u 的下限值	u 的上限值
有效磷	戒上型	$y=1/[1+a(u-c)^2]$	0.002 025	33.346 824	0	33.3
速效钾	戒上型	$y=1/[1+a(u-c)^2]$	0.000 081	181.622 535	0	182
有效土层厚度	戒上型	$y=1/[1+a(u-c)^2]$	0.000 205	99.092 342	10	99
土壤容重	峰型	$y=1/[1+a(u-c)^2]$	2.236 726	1.211 674	0.50	3.21

注：y 为隶属度；a 为系数；u 为实测值；c 为标准指标。当函数类型为戒上型，u 小于等于下限值时，y 为 0；u 大于等于上限值时，y 为 1；当函数类型为峰型，u 小于等于下限值或 u 大于等于上限值时，y 为 0。

2. 耕地质量等级计算

耕地质量综合指数计算公式为：

$$P = \sum (C_i \times F_i)$$

其中：P 代表耕地质量综合指数；

F_i 代表第 i 个因子的隶属度；

C_i 代表第 i 个因子的权重。

3. 耕地质量等级划分

在获得各评价单元耕地质量综合指数的基础上，根据所有评价单元的综合指数，形成耕地质量综合指数累积曲线图，根据曲线斜率的突变点确定一等地和十等地的划分线，再将剩下的曲线均等分为 8 段，分别对应二等地至九等地的综合指数范围。最终将耕地质量划分为十个等级。一等地质量最高，十等地最低。等级划分指数见表 4-5。

表 4-5　诸暨市耕地质量等级划分指数

生产能力	耕地质量等级	综合指数范围
	一等	≥ 0.9170
高产田	二等	0.8924 ~ 0.9170
	三等	0.8678 ~ 0.8924
	四等	0.8431 ~ 0.8678
中产田	五等	0.8185 ~ 0.8431
	六等	0.7939 ~ 0.8185
	七等	0.7693 ~ 0.7939
低产田	八等	0.7446 ~ 0.7693
	九等	0.7200 ~ 0.7446
	十等	< 0.7200

四、评价单元建立与数据库建设

耕地质量评价单元是指用于完成耕地质量评价的独立单位，是由耕地质量评价要素构成的具有专门特征的耕地单元，是耕地质量等级划分的重要基础。因此，确定耕地质量评价单元时应综合考虑耕地的本身属性及其他人为、社会因素。本次耕地质量评价采用"三调"耕地图斑为评价单元，基本满足土壤类型基本一致的要求，也便于和土地利用调查结果衔接，易于统计。

（一）数据分类与数据标准

1. 数据分类

完成耕地质量评价需要整合耕地质量有关的大量数据来建立数据库以便系统化地开展评价工作。这些数据从大类来看，可分为空间数据和属性数据两种。空间数据主要指基础图件和成果图件，基础图件包括土壤图、土地利用图、行政区划图，用于属性提取的耕地质量调查点位图、地貌类型图、灌排分区图等，成果图件包括耕地质量评价单元图、耕地土壤养分图、耕地质量等级图等。属性数据主要指用于质量评价的指标数据，如土壤养分、土壤理化性状、立地条件等。从数据来源可分为历史数据和现实数据两大类，历史数据主要来源于第二次土壤普查数据以及近年来耕地质量调查、测土配方施肥、耕地质量监测等项目产生的调查、测试数据；现实数据主要来源于近年来耕地质量调查监测工作的耕地质量调查、测试数据以及体现最新耕地分布情况的土地利用地理空间信息要素数据。

2. 数据标准

耕地质量评价数据库的空间数据根据尺度不同标准略有不同。由于土地利用调查数据（三调）是耕地质量评价的空间数据基础，因此耕地质量评价数据库在地理坐标系等空间数据标准上采用大地2 000 坐标系，方便与自然资源部门的数据衔接和更新维护。在存储方式上，空间数据采用 ESRI Shapefile 格式，属性数据采用 Microsoft Access 的 mdb 数据库格式。

（二）评价单元数据获取

耕地质量评价单元指标数据是耕地质量评价的核心。在工作中，评价单元除了从土地利用现状单元继承相关属性外，需根据指标数据的类型和特点采用不同的方法为每个耕地质量评价单元赋值。通常的方法有空间叠加、以点代面、空间插值、区域统计等。

1. 空间叠加方式

对于地貌类型、灌溉排涝能力等呈较大区域连片分布的描述性因素属性，可以先手工描绘出相应的底图，然后数字化建立各专题图层，如地貌分区图、灌溉能力分区图等，再把耕地质量评价单元图与其进行空间叠加分析，从而为评价单元赋值。同样方法，从土壤类型图上提取评价单元的土壤信息。这里可能存在评价与专题图上的多个矢量多边形相交的情况，我们采用以面积占优方法进行属性值选择。

2. 以点代面方式

对于剖面构型、质地等一般描述型属性，根据调查点分布图，利用以点代面的方法为评价单元赋值。当单元内含有一个调查点时，直接根据调查点属性值赋值；当单元内不包含调查点时，一般以土壤类型作为限制条件，根据相同土壤类型中距离最近的调查点属性值赋值；当单元内包含多个调查点时，需要对点作一致性分析后再赋值。

3. 区域统计方式

对于有机质、有效磷、速效钾等定量属性，分两步走，首先将各个要素进行空间插值计算，并转换成 Grid 数据格式；然后分别与评价单元图进行区域统计（Zonal Statistics）分析，获取评价单元相应要素的属性值。

第二节　分级概况

一、市域耕地质量分级总况

2021 年底，诸暨市以第三次全国国土调查成果为主要耕地基础图件，划定评价单元 41 365 个，评价总面积 32 414.76 hm²。目前，全市耕地质量等级总体较高，高产田面积 22 084.33 hm²，占比为 68.13%，其中，一等、二等、三等的耕地面积分别占 14.40%、30.02%、23.71%；中产田面积 9 584.50 hm²，占比为 29.57%，四等、五等、六等的耕地面积分别占 15.84%、9.59%、4.14%；低产田 745.93 hm²，占比 2.30%，七等、八等、九等、十等的耕地面积分别占 1.60%、0.50%、0.16%、0.04%（表 4-6）。全市耕地质量等级平均 2.988 等。

表 4-6　诸暨市耕地质量各等级面积占比

生产能力	质量等级	总面积（hm²）	所占比例（%）
高产田	一等	4 668.73	14.40
	二等	9 730.75	30.02
	三等	7 684.85	23.71
中产田	四等	5 135.17	15.84
	五等	3 107.54	9.59
	六等	1 341.78	4.14
低产田	七等	517.30	1.60
	八等	163.41	0.50
	九等	52.93	0.16
	十等	12.29	0.04

二、不同乡级行政区域耕地质量分级

从诸暨市各镇乡（街道）行政区域的耕地质量分级面积占比情

况来看（表4-7），安华镇耕地质量等级为最高一等、最低七等，其中二等最多；陈宅镇耕地质量等级为最高二等、最低十等，其中五等最多；次坞镇耕地质量等级为最高一等、最低六等，其中二等最多；大唐街道耕地质量等级为最高一等、最低七等，其中三等最多；店口镇耕地质量等级为最高一等、最低七等，其中二等最多；东白湖镇耕地质量等级为最高一等、最低九等，其中五等最多；东和乡耕地质量等级为最高三等、最低九等，其中五等最多；枫桥镇耕地质量等级为最高一等、最低九等，其中二等最多；浣东街道耕地质量等级为最高一等、最低九等，其中二等最多；璜山镇耕地质量等级为最高一等、最低九等，其中三等最多；暨南街道耕地质量等级为最高一等、最低七等，其中二等最多；暨阳街道耕地质量等级为最高一等、最低六等，其中二等最多；浬浦镇耕地质量等级为最高一等、最低八等，其中四等最多；岭北镇耕地质量等级为最高三等、最低八等，其中六等最多；马剑镇耕地质量等级为最高一等、最低八等，其中四等最多；牌头镇耕地质量等级为最高一等、最低七等，其中三等最多；山下湖镇耕地质量等级为最高一等、最低五等，其中一等最多；陶朱街道耕地质量等级为最高一等、最低六等，其中二等最多；同山镇耕地质量等级为最高二等、最低六等，其中四等最多；五泄镇耕地质量等级为最高一等、最低七等，其中三等最多；姚江镇耕地质量等级为最高一等、最低六等，其中二等最多；应店街镇耕地质量等级为最高一等、最低七等，其中一等最多；赵家镇耕地质量等级为最高一等、最低七等，其中二等最多。

表 4-7 诸暨市各镇乡（街道）耕地质量分级面积占比（%）

镇乡（街道）	总面积占比	高产田			中产田			低产田			
		一等	二等	三等	四等	五等	六等	七等	八等	九等	十等
安华镇	3.73	0.56	1.46	1.01	0.44	0.22	0.03	0.01	0	0	0
陈宅镇	2.53	0	0.17	0.07	0.46	1.03	0.49	0.13	0.06	0.08	0.04
次坞镇	3.77	1.04	1.08	0.99	0.54	0.11	0.01	0	0	0	0
大唐街道	7.62	1.20	1.92	2.19	1.44	0.70	0.13	0.04	0	0	0
店口镇	7.86	0.46	3.85	2.30	0.87	0.30	0.06	0.02	0	0	0
东白湖镇	3.35	0.04	0.11	0.53	0.93	0.96	0.46	0.22	0.08	0.02	0
东和乡	2.30	0	0	0.09	0.54	0.97	0.42	0.21	0.07	0.01	0
枫桥镇	7.71	0.80	2.64	1.64	1.07	1.00	0.37	0.11	0.08	0.01	0
浣东街道	4.78	1.25	1.63	0.86	0.79	0.15	0.07	0.02	0.01	0.01	0
璜山镇	4.44	0.14	0.90	1.67	0.53	0.52	0.36	0.22	0.05	0.04	0
暨南街道	9.20	0.34	3.57	2.82	1.48	0.72	0.21	0.05	0	0	0
暨阳街道	3.91	0.66	1.66	0.97	0.51	0.10	0.01	0	0	0	0
浬浦镇	2.90	0.10	0.35	0.55	0.74	0.43	0.47	0.18	0.08	0	0
岭北镇	1.19	0	0	0.02	0.23	0.31	0.39	0.18	0.06	0	0
马剑镇	2.58	0.01	0.37	0.54	0.66	0.62	0.24	0.12	0.01	0	0
牌头镇	5.90	0.33	2.04	2.11	1.16	0.18	0.07	0.01	0	0	0
山下湖镇	3.43	1.28	1.25	0.60	0.20	0.09	0	0	0	0	0
陶朱街道	4.58	1.10	1.49	1.44	0.44	0.09	0.01	0	0	0	0
同山镇	1.10	0	0.09	0.35	0.45	0.15	0.06	0	0	0	0
五泄镇	1.36	0.03	0.27	0.57	0.37	0.09	0.02	0.01	0	0	0
姚江镇	7.47	2.62	3.31	0.75	0.53	0.21	0.04	0	0	0	0
应店街镇	4.98	2.40	0.85	0.82	0.67	0.16	0.07	0	0	0	0
赵家镇	3.30	0.04	1.00	0.82	0.78	0.47	0.14	0.05	0	0	0

三、不同土地利用类型耕地质量分级

（一）水田

从诸暨市水田耕地质量分级情况来看（表 4-8），有 73.83% 的水田为高产田，其中，一等、二等、三等的水田面积分别占 14.40%、30.02%、23.71%；有 24.98% 的水田为中产田，四等、五等、六等的水田面积分别占 14.01%、7.99%、2.98%；有 1.19% 的水田为低产田，七等、八等、九等的水田面积分别占 0.89%、0.22%、0.08%，无十等水田。

表 4-8　诸暨市不同利用类型耕地质量分级面积占比（%）

生产能力	质量等级	水田	旱地
高产田	一等	16.72	3.89
	二等	33.38	14.52
	三等	23.73	23.81
中产田	四等	14.01	24.21
	五等	7.99	16.62
	六等	2.98	9.59
低产田	七等	0.89	4.61
	八等	0.22	2.1
	九等	0.08	0.47
	十等	0	0.18

（二）旱地

从诸暨市旱地耕地质量分级情况来看（表 6-8），诸暨市 42.22% 的旱地为高产田，其中，一等、二等、三等的旱地面积分别占 3.89%、

14.52%、23.81%；50.42% 的旱地为中产田，四等、五等、六等的旱地面积分别占 24.21%、16.62%、9.59%；有 7.36% 的旱地为低产田，七等、八等、九等、十等的旱地面积分别占 4.61%、2.10%、0.47%、0.18%。

四、不同地形部位耕地质量分级

地形部位对诸暨市耕地质量分级有明显的影响（表4-9），诸暨市平原低阶类耕地占 53.77%，其中，以一等、二等、三等的耕地最多，面积占比分别为 13.88%、25.84%、9.80%；丘陵下部类耕地占 24.87%，以二等、三等、四等的耕地最多，面积占比分别为 3.58%、10.99%、5.92%；山地坡下类耕地占 15.63%，以三等、四等、五等的耕地最多，面积占比分别为 2.52%、5.56%、4.56%。

表 4-9 诸暨市不同地形部位耕地质量分级面积占比（%）

生产能力	质量等级	平原低阶	丘陵下部	丘陵中部	丘陵上部	山地坡下	山地坡中	山地坡上
高产田	一等	13.88	0.50	0	0	0.02	0	0
	二等	25.84	3.58	0.04	0.01	0.56	0	0
	三等	9.80	10.99	0.37	0.03	2.52	0	0
中产田	四等	3.23	5.92	0.75	0.09	5.56	0.28	0
	五等	0.91	2.81	0.36	0.07	4.56	0.90	0
	六等	0.11	0.87	0.05	0.01	1.72	1.30	0.05
低产田	七等	0	0.15	0.02	0	0.45	0.92	0.07
	八等	0	0.05	0	0	0.13	0.28	0.06
	九等	0	0	0	0	0.11	0.01	0.03
	十等	0	0	0	0	0	0.03	0
合计		53.77	24.87	1.59	0.21	15.63	3.72	0.21

五、主要土壤类型的耕地质量分级

对诸暨市耕地面积占比在 2.5% 以上（面积 810.37 hm² 以上）的主要土种（省土种）耕地进行质量分级构成分析（表 4-10）。

表 4-10　诸暨市主要土壤种类的耕地质量分级构成（%）

土壤类型	平均质量等级	高产田			中产田			低产田			
		一等	二等	三等	四等	五等	六等	七等	八等	九等	十等
黄泥砂田	3.23	11.82	18.62	29.95	20.43	13.77	4.38	1.03	0	0	0
泥砂田	2.40	23.86	38.38	21.19	9.52	5.37	1.19	0.42	0.07	0	0
泥质田	1.71	38.16	55.08	5.01	0.63	1.12	0	0	0	0	0
黄粉泥田	2.95	9.82	26.81	34.82	16.21	11.51	0.81	0.02	0	0	0
老黄筋泥田	3.26	2.34	16.04	41.33	35.28	3.41	1.59	0.01	0	0	0
烂青泥田	1.73	35.01	58.22	5.61	1.03	0.13	0	0	0	0	0
洪积泥砂田	3.15	12.47	20.22	31.48	16.67	15.61	2.52	0.87	0.16	0	0
黄大泥田	3.05	13.12	31.61	18.76	19.66	8.48	7.49	0.88	0	0	0
黄斑田	1.89	21.81	68.13	9.69	0.37	0	0	0	0	0	0
黄泥土	4.27	0.72	5.17	20.77	37.62	19.33	10.20	4.13	2.06	0	0
培泥砂田	1.98	18.89	69.28	8.27	2.63	0.22	0.71	0	0	0	0
老培泥砂田	1.62	51.62	38.17	7.32	2.81	0.08	0	0	0	0	0
红松泥	4.46	0	4.63	26.91	22.02	21.39	16.42	6.87	1.76	0	0

（一）黄泥砂田

该土种耕地的质量等级最高一等、最低七等，平均等级 3.23 等。其中以三等耕地居多，占比 29.95%；其次为四等耕地，占比 20.43%；再次为二等、五等和一等耕地，占比 18.62%、13.77% 和 11.82%。

（二）泥砂田

该土种耕地的质量等级最高一等、最低八等，平均等级 2.40 等。其中以二等耕地最多，占比 38.38%；其次为一等耕地，占比 23.86%；再次为三等耕地，占比 21.19%；五等、六等耕地分别占 9.52% 和 5.37%。

（三）泥质田

该土种耕地的质量等级最高一等、最低五等，平均等级 1.71 等。其中以二等耕地最多，占比 55.08%；其次为一等耕地，占比 38.16%；三等、四等、五等耕地分别占 5.01%、0.61%、1.12%。

（四）黄粉泥田

该土种耕地的质量等级最高一等、最低七等，平均等级 2.95 等。其中以三等耕地最多，占比 34.82%；其次为二等耕地，占比 26.81%；再次为四等耕地，占比 16.21%；一等、五等耕地分别占 9.82% 和 11.51%。

（五）老黄筋泥田

该土种耕地的质量等级最高一等、最低七等，平均等级 3.26 等。其中以三等耕地最多，占比 41.33%；其次为四等耕地，占比 35.28%；再次为二等耕地，占比 16.04%；一等、五等耕地分别占 2.34% 和 3.41%。

（六）烂青泥田

该土种耕地的质量等级最高一等、最低五等，平均等级 1.73 等。其中以二等耕地最多，占比 58.22%；其次为一等耕地，占比 35.01%；三等、四等、五等耕地分别占 5.61%、1.03% 和 0.13%。

（七）洪积泥砂田

该土种耕地的质量等级最高一等、最低八等，平均等级 3.15 等。其中以三等耕地最多，占比 31.48%；其次为二等耕地，占比 20.22%；一等、四等、五等耕地分别占 12.47%、16.67% 和 15.61%。

（八）黄大泥田

该土种耕地的质量等级最高一等、最低七等，平均等级 3.05 等。其中以二等耕地最多，占比 31.61%；其次为四等耕地，占比 19.66%；再次为三等耕地，占比 18.76%；一等、五等、六等耕地分别占 13.12%、8.48% 和 7.49%。

（九）黄斑田

该土种耕地的质量等级最高一等、最低四等，平均等级 1.89 等。其中以二等耕地最多，占比 68.13%；其次为一等耕地，占比 21.81%；三等、四等耕地分别占 9.69% 和 0.37%。

（十）黄泥土

该土种耕地的质量等级最高一等、最低八等，平均等级 4.27等。其中以四等耕地最多，占比 37.62%；其次为三等耕地，占比 20.77%；再次为五等耕地，占比 19.33%；一等、二等耕地分别占 0.72% 和 5.17%；六等、七等、八等耕地分别占 10.20%、4.13% 和 2.06%；

（十一）培泥砂田

该土种耕地的质量等级最高一等、最低六等，平均等级 1.98等。其中以二等耕地最多，占比 69.28%；其次为一等耕地，占比 18.89%；再次为三等耕地，占比 8.27%；四等、五等、六等耕地分别占 2.63%、0.22% 和 0.71%。

（十二）老培泥砂田

该土种耕地的质量等级最高一等、最低五等，平均等级 1.62等。其中以一等耕地最多，占比 51.62%；其次为二等耕地，占比 38.17%；再次为三等耕地，占比 7.32%；四等、五等耕地分别占 2.81% 和 0.08%。

（十三）红松泥

该土种耕地的质量等级最高二等、最低八等，平均等级 4.46等。其中以三等耕地最多，占比 26.91%；其次为四等耕地，占比 22.02%；再次为五等耕地，占比 21.39%；二等耕地占 4.63%；六等耕地占 16.42%；七等、八等耕地分别占 6.87% 和 1.76%。

第三节 高产田

一、面积分布

诸暨市高产田（一等、二等、三等耕地）面积 22 084.33 hm²，占耕地总面积的 68.13%，23 个镇乡（街道）均有分布（表 4-11）。暨南街道、姚江镇、店口镇的高产田分布数量较多，面积分别占全市高产田面积的 9.89%、9.81%、9.70%；大唐街道、枫桥镇、牌头镇、应店街镇、陶朱街道、浣东街道等 6 个镇乡（街道）的高产田面积分别占全市的 5%～8%；陈宅镇、东和乡、岭北镇、同山镇等 4 个镇乡（街道）的高产田面积分别不到全市的 1%。

表 4-11 诸暨市各镇乡（街道）高产田面积占比统计（%）

镇乡（街道）	占全市耕地面积比例	占全市高产田比例	本区域耕地的高产田比例
安华镇	3.73	4.44	81.25
陈宅镇	2.53	0.35	9.41
次坞镇	3.77	4.56	82.36
大唐街道	7.62	7.79	69.61
店口镇	7.86	9.70	84.09
东白湖镇	3.35	0.99	20.23
东和乡	2.30	0.13	3.74
枫桥镇	7.71	7.46	65.89
浣东街道	4.78	5.49	78.25
璜山镇	4.44	3.98	61.08

镇乡（街道）	占全市耕地面积比例	占全市高产田比例	本区域耕地的高产田比例
暨南街道	9.20	9.89	73.23
暨阳街道	3.91	4.82	84.06
浬浦镇	2.90	1.46	34.40
岭北镇	1.19	0.03	1.65
马剑镇	2.58	1.36	35.75
牌头镇	5.90	6.57	75.82
山下湖镇	3.43	4.60	91.29
陶朱街道	4.58	5.92	88.08
同山镇	1.10	0.66	40.73
五泄镇	1.36	1.27	63.94
姚江镇	7.47	9.81	89.46
应店街镇	4.98	5.99	81.92
赵家镇	3.30	2.73	56.40

从区域耕地质量等级状况来看，山下湖镇的高产田占比最高，占该镇耕地面积的91.29%；安华镇、应店街、次坞镇、暨阳街道、店口镇、陶朱街道、姚江镇等7个镇乡（街道）高产田占比为80% ～ 90%；暨南街道、牌头镇、浣东街道等3个镇乡（街道）高产田占比为70% ～ 80%；有7个镇乡（街道）高产田占比在50%以下，其中陈宅镇、东和乡和岭北镇高产田占比不到10%，占比分别为9.41%、3.74%和1.65%。

从土地利用类型来看，诸暨市73.83%的水田为高产田，其中，一等、二等、三等的占比分别为16.68%、33.42%、23.73%；42.13%的旱地为高产田，其中，一等、二等、三等的占比分别为3.87%、14.47%、23.79%。

二、立地环境

（一）坡度

诸暨市高产田主要集中在 1 级坡度和 2 级坡度的耕地上，分别占全市高产田总面积的 72.96% 和 17.66%。全市 1 级坡度的耕地中高产田占 83.87%，其中，一等、二等、三等的占比分别为 21.38%、41.52%、20.97%；2 级坡度的耕地中高产田占 61.87%，其中，一等、二等、三等的占比分别为 7.72%、20.48%、33.67%。

（二）地形部位

高产田主要分布在平原低阶耕地和丘陵下部耕地，分别占全市高产田面积的 72.68% 和 22.10%。92.09% 的平原低阶耕地为高产田，其中，一等、二等、三等的占比组成分别为 25.82%、48.04%、18.23%；60.56% 的丘陵下部耕地为高产田，其中，一等、二等、三等的占比组成分别为 2.01%、14.37%、60.56%。

（三）质地构型

从高产田的土壤质地构型来看，主要为上松下紧型耕地，占 82.97%；海绵型耕地占 6.02%；紧实型耕地占 5.46%；夹层型耕地占 5.08%；上紧下松型耕地和松散型耕地也有少量分布，分别占 0.17% 和 0.31%。

（四）土壤类型

高产田的主要构成土壤类型（省土种）为黄泥砂田、泥砂田、泥质田、烂青泥田、黄斑田、黄粉泥田、培泥砂田、老黄筋泥田、洪积泥砂田、黄大泥田、老培泥砂田等，其中黄泥砂田占全市高产田的14.22%；泥砂田占9.58%；泥质田占9.42%；烂青泥田占7.05%。从土种构成可知，高产田成土母质主要为河流冲积物、河湖相沉积物、洪积物及残坡积物。土层深厚，质地以黏壤土为主，水田多属潴育、渗育型水稻土亚类，剖面构型 A–Ap–W–C 型、A–Ap–P–C 型，河网平原部分属潜育和脱潜型水稻土亚类，剖面构型 A–Ap–Gw–G 型、A–Ap–G 型。

三、土壤肥力性状

（一）pH 值

高产田土壤 pH 值最低 4.73、最高 7.71，平均 5.77，其中土壤 pH 值 5.5～6.5 的微酸性耕地面积最多，占比 69.89%；pH 值 4.5～5.5 的酸性耕地面积占 17.63%；pH 值 6.5～7.5 的近中性耕地面积占 12.42%；pH 值 7.5～8.5 的微碱性耕地面积占 0.07%。

（二）有机质

高产田土壤有机质含量最小值 11.83 g/kg，最大值 67.80 g/kg，平均含量 36.58 g/kg，其中土壤有机质含量 30～40 g/kg 的耕地面积最多，占 61.58%；有机质含量＞40 g/kg 的耕地面积占 26.56%；有机质含量 20 ～ 30 g/kg 的耕地面积占 11.28%；有机质含量 10 ～ 20 g/kg 的耕地面积占 0.58%。

（三）全氮

高产田土壤全氮含量最小值 0.23 g/kg，最大值 3.78 g/kg，平均含量 2.06 g/kg，其中土壤全氮含量 2.0 ～ 2.5 g/kg 的耕地面积最多，占 51.66%；土壤全氮含量 1.5 ～ 2.0 g/kg 的耕地面积占 34.33%；土壤全氮含量 > 2.5 g/kg 的耕地面积占 8.63%；土壤全氮含量 0.5 ～ 1.5 g/kg 的耕地面积占 5.32%；土壤全氮含量 ≤ 0.5 g/kg 的耕地面积占 0.06%。

（四）有效磷

高产田土壤有效磷含量最小值 1.00 mg/kg，最大值 194.4 mg/kg，平均含量 8.31 mg/kg。其中土壤有效磷含量 ≤ 5 mg/kg 的严重缺磷耕地面积占 47.17%；土壤有效磷含量 5 ～ 10 mg/kg 的缺磷耕地面积占 31.68%；土壤有效磷含量 10 ～ 20 mg/kg 的耕地面积占 14.09%；土壤有效磷含量 20 ～ 40 mg/kg 的耕地面积占 5.65%；土壤有效磷含量 > 40 mg/kg 的耕地面积占 1.41%。

（五）速效钾

高产田土壤速效钾含量最小值 18.00 mg/kg，最大值 321.00 mg/kg，平均含量 86.44 mg/kg。其中土壤速效钾含量 50 ～ 80 mg/kg 的缺钾耕地面积占 44.37%，土壤有效钾含量 ≤ 50 mg/kg 的严重缺钾耕地面积占 3.96%；土壤有效钾含量 80 ～ 100 mg/kg 的耕地面积占 29.79%；土壤有效钾含量 100 ～ 150 mg/kg 的耕地面积占 19.16%；土壤有效钾含量 > 150 mg/kg 的耕地面积占 2.72%。

四、生产性能及管理

高产田一般立地条件优越，地势平坦，土地平整，园田化程度高，农田基础设施基本完善，排灌方便，地下水位适中，土壤理化性状良好，pH 值、质地适中，土壤有机质丰富，阳离子交换量较高，土壤水、肥、气、热协调，蓄肥保水能力强，是最重要的粮食生产区域。高产田经长期农田基础设施建设和实施改土培肥、测土配方、高产创建等农艺措施，土壤肥力水平不断提高，粮食生产能力不断上升，已基本保持高产稳产。

目前，诸暨市高产田以粮食生产为主，水田种植制度以春粮（油菜）—单季晚稻或绿肥—早稻—晚稻为主，也有部分种植蔬菜、瓜果、鲜食玉米、大豆及草莓等，旱地多为春粮（油菜）—玉米（甘薯、高粱）等，全年粮食生产能力 15 000 kg/hm² 以上，部分农田的单季晚稻产量可达 12 000 kg/hm²。

同时，也有部分高产田的基础设施老化，排水不畅，局部地段地下水位较高，潜育和次生潜育化明显，土体软糊，有机质不易分解，速效养分缺乏，尤其是有效磷含量低。此外，部分耕地的耕作层厚度与高产土壤要求存在一定差距。

因此，高产田在管理措施上，要进一步完善农田基础设施建设，建成田成方，路成网，沟渠配套，适宜农业机械化作业，能灌能排，排灌畅通，地下水位适中，旱涝保收的高产良田；要因地强化耕作，逐渐加深耕作层，提倡秸秆还田，更新和维持土壤有机质，改善土壤理化性状；要推广应用测土配方施肥技术，适当控制化学氮肥用量，增加磷、钾肥用量，调整肥料品种结构和施用方法，提高肥料利用率和产出率。

第四节 中产田

一、面积分布

诸暨市中产田（四等、五等、六等耕地）面积 9 584.50 hm²，占耕地总面积的 29.57%，全市 23 个镇乡（街道）均有分布（表4-12）。枫桥镇和暨南街道境内的中产田分布较多，面积分别占全市中产田面积的 8.24% 和 8.14%；东白湖、大唐、陈宅、东和、浬浦、马剑等 6 个镇乡（街道）的中产田面积占全市中产田面积的 5% ~ 8%；陶朱街道、五泄镇和山下湖镇的中产田面积占全市中产田面积的 2% 以下。

表 4-12 诸暨市各镇乡（街道）中产田面积占比统计（%）

镇乡（街道）	占全市耕地面积比例	占全市中产田比例	本区域耕地的中产田比例
安华镇	3.73	2.33	18.46
陈宅镇	2.53	6.70	78.34
次坞镇	3.77	2.25	17.64
大唐街道	7.62	7.67	29.75
店口镇	7.86	4.16	15.65
东白湖镇	3.35	7.95	70.15
东和乡	2.30	6.54	83.94
枫桥镇	7.71	8.24	31.59
浣东街道	4.78	3.41	21.09

镇乡（街道）	占全市耕地面积比例	占全市中产田比例	本区域耕地的中产田比例
璜山镇	4.44	4.80	31.96
暨南街道	9.20	8.14	26.15
暨阳街道	3.91	2.10	15.92
浬浦镇	2.90	5.54	56.58
岭北镇	1.19	3.15	78.09
马剑镇	2.58	5.17	59.21
牌头镇	5.90	4.77	23.88
山下湖镇	3.43	1.01	8.71
陶朱街道	4.58	1.85	11.92
同山镇	1.10	2.20	59.10
五泄镇	1.36	1.64	35.69
姚江镇	7.47	2.66	10.54
应店街镇	4.98	3.04	18.07
赵家镇	3.30	4.68	41.98

从区域耕地质量等级状况来看，东和乡的中产田占比最高，为本区域耕地面积的 83.94%；陈宅镇、岭北镇和东白湖镇次之，占比分别为 78.34%、78.09% 和 70.15%；山下湖镇最低，占比为 8.71%。

从土地利用类型来看，诸暨市 24.98% 的水田为中产田，其中，四等、五等、六等的占比分别为 13.99%、8.03%、2.96%，逐级递减；50.49% 的旱地为高产田，其中，四等、五等、六等的占比分别为 24.23%、16.67%、9.59%。

二、立地环境

（一）坡度

从耕地的坡度级别来看，诸暨市中产田以 1 级坡度耕地最多，占全市中产田总面积的 31.68%，其中，四等、五等、六等的占比分别为 20.05%、9.02%、2.61%；2 级坡度耕地面积占比 24.35%，其中，四等、五等、六等的占比分别为 14.15%、7.24%、3.03%；3 级坡度耕地面积占比 30.67%，其中，四等、五等、六等的占比分别为 14.63%、11.40%、4.63%；4 级坡度耕地面积占比 11.95%；5 级坡度耕地面积占比 1.34%。

（二）地形部位

从地形部位来看，中产田主要分布在山地坡下部耕地和丘陵下部耕地，分别占全市中产田面积的 40.03% 和 32.53%；平原低阶耕地也有部分为中产田，占比 14.37%。75.74% 的山地坡下耕地为中产田，其中，四等、五等、六等的占比组成分别为 47.03%、38.58%、14.53%；38.69% 的丘陵下部耕地为中产田，其中，四等、五等、六等的占比组成分别为 61.50%、29.20%、9.04%；7.90% 的平原低阶耕地为中产田，其中，四等、五等、六等的占比组成分别为 75.94%、21.52%、2.53%。

（三）质地构型

从中产田的土壤质地构型来看，主要为上松下紧型耕地，占

68.81%；其次为紧实型耕地，占 11.08%；海绵型耕地和夹层型耕地分别占 6.93% 和 8.87%；上紧下松型耕地和松散型耕地分别较少，分别占 1.36% 和 2.96%。

（四）土壤类型

中产田的主要构成土种（省土种）为黄泥砂田、黄泥土、老黄筋泥田、黄粉泥田、洪积泥砂田、黄大泥田、红松泥等，其中黄泥砂田占全市中产田的 20.94%；黄泥土占 8.76%；老黄筋泥田占 8.76%。

中产田的水田土壤母质以洪积物、坡积物为主，多属渗育和潴育型水稻土，剖面构型为 A–Ap–P–C 型或 A–Ap–W–C 型。质地砂土至黏土不一，黄泥砂田、红砂田、白砂田等含砂明显；黄大泥田、青塥黄大泥田等质地黏韧。烂黄大泥田、烂泥田等土体潜育软糊，洪积泥砂田、泥砂田土体内常有焦砾塥等障碍层次。旱地土壤母质以凝灰岩、变质岩、花岗岩、砂页岩等风化残坡积物为主，部分为石灰岩、玄武岩风化物，土体厚度 50～70 cm，土体内常含石砾，且多为坡耕地，水土及养分流失较重。

三、土壤肥力性状

（一）pH 值

中产田土壤 pH 值最低 4.87、最高 7.69，平均 5.67，其中土壤 pH 值 5.5～6.5 的微酸性耕地面积最多，占比 55.75%；pH 值 4.5～5.5 的酸性耕地面积占 36.35%；pH 值 6.5～7.5 的近中性耕地面积占 7.23%；pH 值 7.5～8.5 的微碱性耕地面积占 0.67%。

（二）有机质

中产田土壤有机质含量最小值 8.76 g/kg，最大值 66.70 g/kg，平均含量 32.70 g/kg，其中土壤有机质含量 30 ～ 40 g/kg 的耕地面积最多，占 45.57%；土壤有机质含量 20 ～ 30 g/kg 的耕地面积占 32.70%；土壤有机质含量＞ 40 g/kg 的耕地面积占 16.73%；土壤有机质含量 10 ～ 20 g/kg 的耕地面积占 4.93%。

（三）全氮

中产田土壤全氮含量最小值 0.19 g/kg，最大值 3.30 g/kg，平均含量 1.85 g/kg，其中土壤全氮含量 1.5 ～ 2.0 g/kg 的耕地面积最多，占 47.62%；土壤全氮含量 2.0 ～ 2.5 g/kg 的耕地面积占 31.81%；土壤全氮含量 0.5 ～ 1.5 g/kg 的耕地面积占 16.75%；土壤全氮含量＞ 2.5 g/kg 的耕地面积占 3.45%；土壤全氮含量≤ 0.5 g/kg 的耕地面积占 0.37%。

（四）有效磷

中产田土壤有效磷含量最小值 1.00 mg/kg，最大值 218.4 mg/kg，平均含量 6.73 mg/kg。其中土壤有效磷含量≤ 5 mg/kg 的严重缺磷耕地面积占 49.29%；土壤有效磷含量 5 ～ 10 mg/kg 的缺磷耕地面积占 30.30%；土壤有效磷含量 10 ～ 20 mg/kg 的耕地面积占 14.70%；土壤有效磷含量 20 ～ 40 mg/kg 的耕地面积占 3.89%；土壤有效磷含量＞ 40 mg/kg 的耕地面积占 1.82%。

（五）速效钾

中产田土壤速效钾最小值 51.00 mg/kg，最大值 80.00 g/kg，平均含量 66.42 mg/kg。其中土壤速效钾含量 50～80 mg/kg 的缺钾耕地面积占 59.06%，土壤速效钾含量≤50 mg/kg 的严重缺钾耕地面积占 7.80%；土壤速效钾含量 80～100 mg/kg 的耕地面积占 20.82%；土壤速效钾含量 100～150 mg/kg 的耕地面积占 10.66%；土壤速效钾含量＞150 mg/kg 的耕地面积占 1.66%。

四、生产性能及管理

中产田受所处地形、成土母质、水源条件及土壤肥力等条件制约，农业生产水平较低，农作物产量及效益不高。目前在农业利用上，丘陵山区水田以单季晚稻为主，部分春粮—单季晚稻，也有种植茭白等经济作物；平原区水田一般为冬闲田—单季稻；旱地多为麦（油菜）—甘薯（玉米）。中产田常年粮食产量 9 000～13 500 kg/hm²。

丘陵山区的中产田土层浅薄，砂性重，土壤有机质缺乏，阳离子交换量低，漏肥漏水，保肥蓄水性差，土壤基础肥力较低，且缺磷少钾，部分山谷垅田，串灌漫流，侧渗冷水影响，土温水温低，作物起发慢。平原区的中产田地势低洼，积水严重，土体糊烂，黏着性强，耕作质量差，地下水位高，通气性差，土壤微生物活力弱，土壤潜在养分释放迟缓，作物起发性差。

在管理措施上，丘陵山区的中产田要进一步整治山塘水库和渠系，开挖沿水避水沟，提高抗旱能力，防止串灌漫流。平原区的中产田要进一步整修排灌渠系，提高排涝能力，降低地下水位。同时，中产田均要因地因土实施测土配方施肥技术，提倡种植绿肥和秸秆还田，增加有机肥投入，提高土壤基础肥力水平。

第五节 低产田

一、面积分布

诸暨市低产田（七等、八等、九等、十等耕地）面积 745.93 hm²，占耕地总面积的 2.30%。除次坞镇、山下湖镇、陶朱街道、姚江镇外，其余 19 个镇乡（街道）均有分布，主要集中在东白湖镇、陈宅镇、璜山镇、东和乡、浬浦镇和岭北镇，占比在 10% 以上，其中以东白湖镇的低产田面积最多，占全市总面积的 13.99%。（表 4-13）

从区域耕地质量等级状况来看，岭北镇的低产田占比最高，为本区域耕地面积的 20.26%；东和乡和陈宅镇次之，占比分别为 12.34% 和 12.25%；东白湖镇和浬浦镇的占比分别为 9.61% 和 9.01%。详见表 4-13。

表 4-13 诸暨市各镇乡（街道）低产田面积占比统计

镇乡（街道）	占全市耕地面积比例	占全市低产田比例	本区域耕地的低产田比例
安华镇	3.73	0.47	0.29
陈宅镇	2.53	13.47	12.25
次坞镇	3.77	/	/
大唐街道	7.62	2.13	0.64
店口镇	7.86	0.91	0.27
东白湖镇	3.35	13.99	9.61

镇乡（街道）	占全市耕地面积比例	占全市低产田比例	本区域耕地的低产田比例
东和乡	2.30	12.35	12.34
枫桥镇	7.71	8.44	2.52
浣东街道	4.78	1.38	0.66
璜山镇	4.44	13.43	6.97
暨南街道	9.20	2.50	0.63
暨阳街道	3.91	0.03	0.02
浬浦镇	2.90	11.34	9.01
岭北镇	1.19	10.50	20.26
马剑镇	2.58	5.67	5.05
牌头镇	5.90	0.78	0.30
山下湖镇	3.43	/	/
陶朱街道	4.58	/	/
同山镇	1.10	0.08	0.16
五泄镇	1.36	0.22	0.37
姚江镇	7.47	/	/
应店街镇	4.98	0.02	0.01
赵家镇	3.30	2.33	1.62

数据来源：2018—2020 年耕地质量监测变更评价成果。

从土地利用类型来看，诸暨市 1.19% 的水田为低产田，其中，七等、八等、九等耕地面积的占比分别为 0.89%、0.20%、0.10%，无十等田，逐级递减；7.38% 的旱地为低产田，其中，七等、八等、九等、十等的耕地面积占比分别为 4.69%、2.09%、0.05% 和 0.20%。

二、立地环境

（一）坡度

从耕地的坡度级别来看，诸暨市低产田以 3 级坡度耕地最多，占全市中产田总面积的 36.75%，其中七等、八等、九等、十等的耕地面积占比分别为 26.06%、8.02%、2.67%、0.67%；4 级坡度耕地面积占比 36.58%，其中，七等、八等、九等、十等的耕地面积占比分别为 26.03%、8.75%、0.90%、0.90%。

（二）地形部位

从地形部位来看，低产田主要分布在山地坡下部耕地和山地坡中部耕地，分别占全市低产田面积的 29.88% 和 53.79%；丘陵下部耕地和山地坡上部耕地也有部分为低产田，占比分别为 8.14% 和 7.22%。74.73% 的山地坡上部耕地为低产田，其中，七等、八等、九等、十等的耕地面积占比组成分别为 42.55%、38.81%、18.33%、0.40%；33.27% 的山地坡中部耕地为低产田，其中，七等、八等、九等、十等耕地面积占比组成分别为 73.34%、22.84%、1.20%、2.71%；

（三）质地构型

从低产田的土壤质地构型来看，主要为上松下紧型耕地，面积占 53.79%；其次为夹层型耕地和上紧下松型耕地，面积占比分别为 11.83% 和 10.63%；松散型耕地和紧实型耕地分别占 9.98% 和 9.14%；海绵型耕地占 4.63%。

（四）土壤类型

低产田的主要构成土种（省土种）为黄泥土、黄砾泥、红松泥、白岩砂土、红粉泥土、黄泥砂田、烂黄泥砂田、棕泥土等，其中黄泥土和黄砾泥耕地面积分别占 10.36% 和 10.05%；红松泥耕地面积占 9.41%。低产田的水田成土母质以红壤性坡积物为主。一般不受地下水影响，多属淹育、渗育型水稻土亚类，剖面构型以 A–Ap–P–C 型为主。质地以壤土为主，土体内常含一定砂粒，砂性明显。水田以山塘灌溉为主，但常因水源不足，抗旱能力弱，一般小于 30 d，多数靠天田。旱地土壤成土母质以凝灰岩、变质岩等风化发育，土体厚度 50～70 cm，剖面构型 A–[B]–C 型，常受雨水冲刷，造成水土流失。

三、土壤肥力性状

（一）pH 值

低产田土壤 pH 值最低 4.62、最高 7.13，平均 5.58，其中土壤 pH 值 4.5～5.5 的酸性耕地面积最多，占比 56.68%；土壤 pH 值 5.5～6.5 的微酸性耕地面积占 40.92%；土壤 pH 值 6.5～7.5 的近中性耕地面积占 2.5%。

（二）有机质

低产田土壤有机质含量最小值 10.03 g/kg，最大值 58.10 g/kg，平均含量 27.64 g/kg。其中土壤有机质含量 20～30 g/kg 的耕地面积最多，占 51.03%；土壤有机质含量 30～40 g/kg 的耕地面积占

23.56%；土壤有机质含量 10 ～ 20 g/kg 的耕地面积占 18.64 g/kg；土壤有机质含量 > 40 g/kg 的耕地面积占 6.59%；土壤有机质含量 6 ～ 10 g/kg 的耕地面积占 0.18%。

（三）全氮

低产田土壤全氮含量最小值 0.52 g/kg，最大值 3.37 g/kg 平均含量 1.69 g/kg，其中土壤全氮含量 1.5 ～ 2.0 g/kg 的耕地面积最多，占 41.40%；土壤全氮含量 0.5 ～ 1.5 g/kg 的耕地面积占 33.40%；土壤全氮含量 2.0 ～ 2.5 g/kg 的耕地面积占 20.10%；土壤全氮含量 > 2.5 g/kg 的耕地面积占 5.10%；土壤全氮含量 ≤ 0.5 g/kg 的耕地无。

（四）有效磷

低产田土壤有效磷含量最小值 1.10 mg/kg，最大值 47.10 mg/kg，平均含量 7.71 mg/kg。其中土壤有效磷含量 ≤ 5 mg/kg 的严重缺磷耕地面积占 38.47%；土壤有效磷含量 5 ～ 10 mg/kg 的缺磷耕地面积占 34.88%；土壤有效磷含量 10 ～ 20 mg/kg 的耕地面积占 24.08%；土壤有效磷含量 20 ～ 40 mg/kg 的耕地面积占 2.07%；土壤有效磷含量 > 40 mg/kg 的耕地面积占 0.51%。

（五）速效钾

低产田土壤速效钾最小值 51.00 mg/kg，最大值 80.00 g/kg，平均含量 64.92 mg/kg。其中土壤速效钾含量 50 ～ 80 mg/kg 的缺钾耕地面积最多，占 59.76%，土壤速效钾含量 ≤ 50 mg/kg 的严重缺钾耕地面积占 59.76%；土壤速效钾含量 80 ～ 100 mg/kg 的耕地面积占 19.14%；土壤速效钾含量 100 ～ 150 mg/kg 的耕地面积占 9.17%；土壤速效钾含量＞ 150 mg/kg 的耕地面积占 0.01%。

四、生产性能及管理

低产田由于所处地势相对较高，且多位于岗背、上坡地，水田主要靠降水、山塘或小溪沟灌溉，水源不足，易遭干旱，多为"靠天田"；旱地多为坡耕地，坡度较大，土层浅薄，石砾性明显，水土流失。低产田通常远离村庄，交通不便，运输困难，有机肥施用少，土壤有机质、有效磷、速效钾贫乏；水田以微酸性为主，旱地多为酸性土，土体常含石英砂，土壤阳离子交换量低，保肥保水能力弱。

目前，诸暨市低产田农业利用比较单一，水田以冬闲—单季杂交晚稻为主，少部分为绿肥—单季晚稻或春花作物—单季晚稻；旱地多间作套种，种植作物为麦、玉米、甘薯、大豆等。产量较低，年均 4 500 ～ 9 000 kg/hm^2。

在管理措施上，一是要整修山塘水库，增加蓄水量，提高抗旱能力。旱地实行等高种植，防止水土、养分流失；二是要发展绿肥生产和提倡秸秆还田，广辟肥源，增加有机肥投入，提高土壤有机质含量，改善土壤理化性状，提高土壤肥力；三是要重视因土种植，创新种植结构和模式，提高种植效益和土地产出率。

第五章　耕地质量提升与保护

第一节　监测调查

一、耕地土壤长期定位监测

《中华人民共和国基本农田保护条例》规定，县级以上地方各级人民政府农业行政主管部门应当逐步建立基本农田地力与施肥效益长期定位监测网点，定期提出基本农田地力变化状况报告以及相应的地力保护措施，并为农业生产者提供施肥指导服务。2007年12月，浙江省土肥站（现为浙江省耕地质量与肥料管理总站）下发了《关于开展耕地土壤地力监测工作的通知》（浙土肥字〔2007〕35号），要求各地建立代表主要土壤类型和种植制度、构建土壤地力监测网络框架的长期定位监测基点，开展耕地土壤地力监测。

（一）监测点基本情况

2008年，诸暨市分别在山下湖镇解放村、枫桥镇新择湖村、江藻镇银江村（现姚江镇）、暨阳街道王家堰村、王家井镇淀荡畈村（现暨南街道）、安华镇五指山村建立了6个耕地土壤长期定位监测点。其中山下湖镇监测点于2016年升级为国家级耕地质量监测点（图5-1）。

2018 年，暨阳街道监测点因周边已城市化，农作制度已改变，不再适宜开展监测工作，报请浙江省农业农村厅同意在"立地条件和耕作制度与原点相近，土壤类型一致"的暨南街道沿江新村重新设点开展监测（浙农字函〔2018〕179 号）（图 5-2）。

图 5-1　山下湖镇解放村监测点（张耿苗摄）

图 5-2　暨南街道沿江新村监测点（张耿苗摄）

2019 年，为完善全市耕地质量监测体系，在枫桥镇杜黄新村增设 1 个国家级标准"三区四情"综合监测点，"三区"即自动监测功能区、耕地质量监测功能区、培肥改良试验监测功能区，"四情"即墒情（农田水分情况）、地情（农田地力情况）、肥情（肥料施用情况）、环情（种植环境情况）。2020 年 3 月 19 日央视新闻联播报道了该监测点全景（图 5-3）。

图 5-3　枫桥镇杜黄新村监测点（2020 年 3 月 19 日央视新闻联播）

目前，诸暨市耕地质量长期定位监测点的基本情况见表 5-1。

表 5-1　诸暨市耕地土壤长期定位监测点基本情况

省编号	地点	建点年份	土壤类型	种植制度	备注
330681-J01	山下湖镇解放村	2008 年	黄化青泥田	冬闲一稻	国编号 330 678
330681-J02	枫桥镇新择湖村	2008 年	泥质田	绿肥一稻	
330681-J03	姚江镇银江村	2008 年	黄斑田	绿肥一稻	
330681-J04	暨阳街道王家堰村	2008 年	培泥沙田	绿肥一稻	2018 年后弃用
330681-J05	暨南街道淀荡畈村	2008 年	泥质田	冬闲一稻一稻	
330681-J06	安华镇五指山村	2008 年	泥砂田	冬闲一稻	
330681-J07	暨南街道沿江新村	2018 年	培泥沙田	绿肥一稻	替代暨阳街道点
330681-J08	枫桥镇杜黄新村	2019 年	泥质田	冬闲一稻	三区四情综合点

（二）监测点建设原则与处理设计

1. 建设原则

按照要求，监测点设定后，至少保持 5 年不变。目前，诸暨市运行使用的 7 个监测点均位于基本农田保护区，且远离城镇建设用地规划预留区。

2. 基础设施

（1）6 个常规监测点。设置 4 个监测小区，面积统一为 33.3 m²，小区间用水泥板（或砖头挡墙）隔开，水泥板高 60 ~ 80 cm，厚 5 cm，埋深 30 ~ 50 cm，露出田面 30 cm。各小区独立排灌。

（2）枫桥镇杜黄新村的国家级标准"三区四情"综合监测点。设置 6 个监测小区，其中，1 个长期无肥区和 3 个当年不施肥轮换区面积 66.7 m²，1 个常规施肥区面积 266.7 m²，1 个土壤培肥改良试验区面积 413.4 m²。小区间用水泥砖混挡墙隔开，挡墙高 80 cm，厚 25 cm，埋深 50 cm，露出田面 30 cm。各小区独立排灌。

3. 处理设置

（1）6 个常规监测点。设 4 个处理：处理 1 为长期无肥区（空白区），不施用任何化学肥料，也不种植绿肥，也不进行秸秆还田等有机肥料投入；处理 2 为常规施肥区，施肥量与当地主要施肥量、施用肥料品种保持一致；处理 3 为测土配方施肥纯化肥区，根据土壤养分情况和种植作物确定施肥方案；处理 4 为测土配方施肥化肥＋有机肥区。各监测点处理具体施肥量根据各监测点实际情况进行。

（2）国家级标准"三区四情"综合定位监测点。设 6 个处理：处理 1 为常年不施肥区，不施用任何化学肥料，也不种植绿肥，也不进行秸秆还田等有机肥料投入；处理 2 为当年不施肥区（轮换区）；

处理 3 和处理 4 为测土配方施肥纯化肥区（不施肥轮换区），根据土壤养分情况和种植作物确定施肥方案；处理 5 为常规施肥区，施肥量与当地主要施肥量、施用肥料品种保持一致；处理 6 为土壤培肥改良试验区，开展有机替代、缓释肥应用等试验。

（三）监测内容与方法

1. 建点时的监测内容

监测点的立地条件、农业生产概况、土壤理化性状、监测点土壤剖面性质等。

2. 年度监测内容

田间作业情况、作物产量及年度作物收获时各小区土壤养分和植株养分等。

3. 五年监测内容

土壤 pH 值、微量元素（包括有效铁、锰、铜、锌、硼和钼）、重金属元素（包括镉、汞、铅、铬、砷）含量。

4. 分析测试方法

土壤检测 2012 年 9 月 1 日前按规程（NY/T1119—2006）进行分析测试，2019 年 11 月 1 日前按《耕地质量监测技术规程》（NY/T1119—2012）进行分析测定，2019 年 11 月 1 日后按照《耕地质量监测技术规程》（NY/T1119—2019）进行分析测定，植株养份检测按《植物中氮、磷、钾的测定》（NY/T2017—2011）进行分析测定。

（四）监测表格填报

浙江省耕地土壤监测基点系列监测报表共有 10 张，其中表 1 和表 2 为建点当年填报，表 3—表 8 每年填报，表 9 和表 10 每五年填报

（表5-2）。所有表格在当年年底或第二年年初进行填报。

表 5-2 诸暨市耕地质量长期定位监测报表清单

序号	报表名称	报表主要内容	填报时间
表 1	基本情况调查表	地形地貌、土壤类型、全景+剖面照片	建点当年
表 2	土壤剖面记载与测试结果表	剖面描述、机械组成、化学性状	建点当年
表 3	田间生产情况表	农事时间、灌排水及降水、自然、病虫害	每年填报
表 4	常规区作物施肥情况记载表	施肥时间、肥料养分、施用数量	每年填报
表 5	测土配方施肥纯化肥区作物施肥情况记载表	施肥时间、肥料养分、施用数量	每年填报
表 6	测土配方施肥化肥+有机肥区作物施肥情况记载表	施肥时间、肥料养分、施用数量	每年填报
表 7	作物产量与养分含量	作物产量、养分吸收数量	每年填报
表 8	年度监测内容	有机质、全氮、速效氮、有效磷、速效钾、缓效钾	每年填报
表 9	五年监测内容	铁、锰、铜、锌、硼、钼等6项微量元素，铬镉铅砷汞5项重金属元素	5 年报 1 次
表 10	五年监测内容	有机质、全氮、速效氮、有效磷、速效钾、缓效钾	5 年报 1 次

（五）监测报告编制与发布

1. 编制格式

（1）概述。阐述监测点基本情况、监测点小区布设与处理设计、监测内容与方法。

（2）监测结果与分析。根据监测数据，分析耕层土壤理化性状及变化趋势、监测点养分投入与支出情况、氮磷钾主要元素的平衡状况、耕地基础地力与作物产量。

（3）主要结论。总结描述监测点土壤耕层理化性状变化、土壤养分平衡状况和地力贡献率。

2. 行文发布

年度耕地质量监测报告编制完成后，按照粮食安全责任制考核等相关要求，诸暨市农业农村局正式行文发布至各镇乡（街道），并抄送浙江省农业农村厅、绍兴市农业农村局、诸暨市粮食安全工作协调小组办公室、诸暨市自然资源和规划局。

（六）监测数据汇总分析

汇总统计 2008—2021 年的诸暨市 7 个耕地土壤长期定位监测点各处理区主要土壤养分指标均值（表 5-3），分析地力变化趋势。

从土壤有机质、全氮和速效钾含量平均值来看，均为处理 4> 处理 3> 处理 2> 处理 1，说明测土配方施肥能够维持土壤地力，而增施有机肥更能稳定或提升土壤肥力。从土壤有效磷含量平均值来看，为处理 4> 处理 2> 处理 3> 处理 1，说明测土配方施肥能合理利用磷肥，增施有机肥能提高土壤有效磷含量。

二、耕地质量变更调查

2016 年，按照《耕地质量调查监测与评价办法》（中华人民共和国农业部令〔2016〕2 号）和《耕地质量等级》（GB/T 33469—2016）要求，浙江省农业厅下达了设立耕地质量变更调查点的任务，进行每年定点取土勘查，土样全部测试 pH 值、有机质、全氮、有效磷、速效钾、缓效钾"常规六项"养分指标，其中 10% 的土样加测"钙、镁、硫、硅、铜、锌、铁、锰、硼、钼"10 项中微量元素和"镉、汞、砷、铅、铬"5 项重金属元素，为开展耕地质量等级变更评价和耕地资源承载力评价提供依据。本书第四章所述的当前耕地质量等级状况就采用了 2020 年度的耕地质量变更调查数据与其他测土成果数据进行评价。

2008—2021 年，诸暨市 7 个耕地土壤长期定位监测点各处理区主要土壤养分指标均值详见表 5-3。

表 5-3 诸暨市 7 个耕地土壤长期定位监测点各处理区主要土壤养分指标均值（2008—2021 年）

项目	处理	2008 年	2009 年	2010 年	2011 年	2012 年	2013 年	2014 年	2015 年	2016 年	2017 年	2018 年	2019 年	2020 年	2021 年	平均	增值
pH 值	处理 1	5.9	5.7	5.8	5.9	5.9	5.6	5.8	5.7	5.8	5.9	5.9	5.8	5.9	5.9	5.82	-0.08
	处理 2	5.9	5.6	5.9	5.9	5.9	5.6	5.9	5.7	5.9	5.8	5.9	5.9	5.9	5.9	5.84	-0.06
	处理 3	5.9	5.7	5.9	5.9	5.9	5.5	5.9	5.7	5.9	5.8	5.9	5.8	5.9	5.9	5.83	-0.07
	处理 4	5.9	5.6	5.6	5.9	5.5	5.9	5.9	6.0	5.9	5.9	5.9	5.9	5.9	5.9	5.84	-0.06
有机质 (g/kg)	处理 1	26.9	34.0	27.6	27.4	28.2	34.9	28.2	31.6	26.5	31.7	27.6	30.1	27.5	29.1	29.38	2.48
	处理 2	27.7	34.6	28.4	28.3	28.3	33.7	28.6	31.6	27.2	31.2	29	30.1	27.8	29.4	29.71	2.01
	处理 3	29.0	33.5	28.8	28.8	28.6	34.8	28.7	32.3	27.5	31.9	28.8	30.9	28.9	29.5	30.14	1.14
	处理 4	30.1	38.5	29.0	29.3	28.8	37.8	29.4	29.7	28.6	33.7	28.9	32.7	29.6	30.3	31.17	1.07
全氮 (g/kg)	处理 1	1.9	2.3	2.3	2.0	2.3	2.2	2.3	2.1	2.0	2.4	2.2	2.3	1.9	2.3	2.18	0.28
	处理 2	2.0	2.4	2.3	2.1	2.3	2.1	2.3	2.3	2.1	2.4	2.3	2.4	2.0	2.3	2.24	0.24
	处理 3	2.2	2.2	2.3	2.2	2.3	2.2	2.3	2.2	2.1	2.4	2.3	2.4	2.2	2.3	2.26	0.06
	处理 4	2.3	2.5	2.3	2.2	2.3	2.4	2.3	2.1	2.2	2.5	2.3	2.5	2.3	2.3	2.32	0.02
有效磷 (mg/ kg)	处理 1	1.5	1.6	2.2	3.3	2.4	6.5	2.3	7.4	1.6	2.5	2.2	2.7	1.6	2.4	2.87	1.37
	处理 2	2.0	4.5	2.4	2.9	2.4	9.2	2.4	9.8	2.1	2.6	2.4	4.1	2.1	2.5	3.67	1.67
	处理 3	2.1	3.5	2.4	3.9	2.4	9.6	2.4	9.6	2.1	2.8	2.4	3.1	2.0	2.5	3.63	1.53
	处理 4	2.2	5.9	2.5	4.0	2.4	13.3	2.4	10.7	2.1	2.9	2.5	3.6	2.2	2.5	4.23	2.03
速效钾 (mg/ kg)	处理 1	48.7	67.1	63.0	53.2	72.0	61.4	66.3	67.5	49.2	77.2	61.8	83.8	53.3	67.8	63.74	15.04
	处理 2	59.3	64.5	77.3	60.7	76.7	59.1	79	69.6	60.8	78.6	77.8	85.7	59.7	76.5	70.38	11.08
	处理 3	63.2	57.3	82.2	54.8	78.5	60.8	80.8	72.7	65.7	79.7	81.7	88.0	60.0	79.3	71.76	8.56
	处理 4	66.7	64.6	84.8	62.2	80.2	74.3	82.7	76.3	88.3	82.7	83.2	92.2	66.0	82	77.59	10.89

注：处理 1 为空白区；处理 2 为常规施肥区；处理 3 为测土配方纯化肥区；处理 4 为测土配方纯化肥区 + 有机肥区。

根据耕地保有面积，浙江省下达给诸暨市的耕地质量变更调查点任务数量为176个。诸暨市农业技术推广中心（诸暨市耕地质量变更调查负责单位）委托浙江省农业科学院数字农业研究所，根据土地利用现状、永久基本农田分布、粮食生产功能区建设规划等图件数据，在全市范围内设调查点194个，其中店口镇18个，暨南街道和大唐街道各14个，姚江镇13个，枫桥镇12个，璜山镇11个，东白湖镇10个，次坞镇、浣东街道和暨阳街道各9个，牌头镇和应店街镇各8个，陶朱街道7个，安华镇、陈宅镇、东和乡、浬浦镇和山下湖镇各6个，马剑镇和赵家镇各5个，岭北镇、同山镇和五泄镇各4个。

从2017—2021年诸暨市耕地质量等级变更评价成果来看，高产田和中产田面积占比逐年递增，全市平均耕地质量等级与2017年3.117等相比，至2021年已提升了0.129等（表5-4）。

表5-4　2017—2021年诸暨市耕地质量等级对比（%）

年份	面积占比										平均等级
	一等	二等	三等	四等	五等	六等	七等	八等	九等	十等	
2017	16.73	26.95	22.81	13.49	8.58	6.36	3.38	1.39	0.29	0.02	3.117
2019	16.85	27.12	22.76	13.96	8.81	5.68	3.20	1.33	0.27	0.02	3.091
2021	14.40	30.02	23.71	15.84	9.59	4.14	1.59	0.51	0.16	0.04	2.988

注：2017年和2019年耕地数据采用年度土地利用现状局调成果，2021年则采用"三调"成果。

第二节　改良培肥

地力是土地能够生长植物的能力。土壤肥力是土壤从营养条件和环境条件方面，供应和协调植物生长的能力，提供和协调植物正常生长发育所必需的水分、养分、空气和热能的能力。因此，培育和提高土壤肥力，保持土壤养分平衡是提高和维持地力的基础。诸暨市耕地土壤肥力状况，受地形、地质、水分和人为耕作、施肥的影响，各地存在一定的差异，土壤改良与培肥需因地施策。

一、土壤肥力问题

（一）河网平原区

地势低洼，地下水位较高，主要土壤类型为黄斑田、烂青泥田，土体深厚，质地黏韧，土壤内排水不畅，通透性差，土壤有机质贮量丰富，保肥性强，阳离子交换量高，土壤潜在肥力水平较好，但潜在养分不易释放，土性冷，有效磷、钾养分缺乏。

（二）河谷平原区

地势平坦，代表性土种为泥质田、培泥砂田、老培泥砂田等，土体深厚，质地适中，地下水位 50 cm 以下，土壤熟化度高，微酸性至近中性，通透性能好，保肥供肥性协调，土壤有机质适中，多属高产稳产农田，旱涝保收。

（三）丘陵山区

水田代表性土种为黄泥砂田、老黄筋泥田、泥砂田、洪积泥砂田。其中老黄筋泥田、黄泥砂田土层较深厚，泥砂田和洪积泥砂田土层浅薄，且部分地段土体下部有砂砾层，砂性重，漏肥漏水，保蓄能力弱。老黄筋泥田，质地黏，壤土，保肥供肥性较好。黄泥砂田受母质影响，质地差异较大。丘陵山区水田一般为山塘水库底层冷水串灌，土温低，有机质不易分解，速效养分流失，土壤肥力较低。

旱地代表性土种为黄泥砂土、红松泥、黄泥土等。全土层50～70 cm，多为坡耕地，易水土和养分流失，有机质含量低，保肥性差，阳离子交换量低，土壤肥力水平低。

二、主要提升途径

（一）提升有机质含量

广辟肥源，增施有机质，保持土壤含有适量的有机质。土壤有机质有利于稳定良好的土壤结构，在一定程度上反映土壤肥力水平，重点要通过发展种植绿肥、提倡秸秆还田、增施商品有机肥等措施，增加有机肥投入。农田有机肥的施用量，以掌握补充作物在生长过程中对土壤有机质的消耗为原则，据有关资料报道，每季作物施用相当于 11 250 kg/hm² 厩肥的有机肥，是保证并达到土壤肥力稳定的最低用量。

（二）提高磷钾含量

诸暨市 78.94% 的耕地土壤缺磷，53.33% 的耕地土壤缺钾（见第三章）。在磷钾缺乏区域，农作物秸秆还田更为重要，据有关文献，稻草、麦秸、玉米秸秆的钾素含量为 0.85%～3.52%。与此同时，应根据取土化验数据，按照土壤养分丰缺指标，足量配施磷、钾肥料，促进养分平衡。

（三）合理轮作

水田通过"水旱轮作"，特别是夏、秋季轮种旱作，更利于土壤干湿交替，有助于改善土壤结构，强化土壤供肥能力，发挥土壤潜在肥力。据有关资料表明，通过"水旱轮作"种植，土壤物理性状大有改善，即土壤容重减少，通气空隙度增加，耕性变好，抗压强度下降，对培育土壤肥力有显著作用。在水田冬季作物中，轮种油菜，油菜的落叶残槎有利于土壤有机质累积。

旱地实行"分带套种轮作"，诸暨早在 20 世纪 80 年代推广"旱地三熟分带轮作"，取得较好效果。即在一个轮作周期中，使深根和浅根、豆科和非豆科、中耕和非中耕作物得到合理套种，做到旱作地上根不离土，分带耕作，提高复种指数和地面覆盖率，控制水土流失，保持和提高土壤肥力。

（四）强化耕作

耕作层是耕作施肥影响最深刻的表土层，也是作物根系的主要活动场所。高产耕地需具有松软深厚的耕作层。诸暨市耕地耕作层平均厚度仅 14.56 cm，与高产土壤要求存在一定差距。因此，耕地的耕作技术和方式，宜耕宜免、宜多宜少、宜深宜浅，都需因地制宜。但应提倡冬季深耕晒垡，土壤经过冬耕，在冰融交替作用下，促进风化，改善结构，促进潜在养分分解，提高有效养分含量。

三、重点项目建设

（一）沃土工程项目

1998年，根据浙江省农业厅的部署，诸暨市启动实施了"沃土工程"项目，通过推广秸秆还田、发展绿肥生产等措施，达到增加农田有机肥源开发和投入，提高土壤肥力。

1998年，全市实施面积6 920.35 hm²，涉及24个镇乡、252个村。如江藻镇陈潘村（今属姚江镇银江村）种植冬绿肥65.34 hm²，鲜草单产22 500 kg/hm²，早稻草还田57.07 hm²，全年粮食单产平均16 647.00 kg/hm²。据调查统计，诸暨市实施区早、晚稻有机肥投入分别占早、晚稻氮肥用量的20.87%和16.51%。

1999年，全市实施面积增加到8 567.09 hm²，全年粮食亩产量达到12 022.50 kg/hm²，增产6.12%。暨阳街道大侣湖畈农田36个土样测定有机质平均含量29.39 g/kg，山下湖镇西泌湖畈农田27个土样有机质平均含量40.03 g/kg，分别比1984年第二次土壤普查时提高5.02 g/kg和3.69 g/kg。项目区通过沃土工程建设，农田土壤有机质含量显著提高。

2007年，在枫桥镇的择新湖、栎桥、霞朗桥、西奕、杜黄新村、洄村、三江等7个行政村、15个自然村实施"浙江省万亩沃土工程综合示范"项目，面积1 053.38 hm²。通过种植绿肥、秸秆还田、增施商品有机肥等措施，示范区当年单季晚稻平均产量7 837.65 kg/hm²，比非示范区增产7.82%。

（二）土壤有机质提升项目

根据农业部办公厅、财政办公厅农办财〔2010〕75号、农办财

〔2011〕109 号、农办财〔2012〕81 号等文件精神，诸暨市自 2010—2012 年连续实施了农业部土壤有机质提升项目，对水稻、小麦、油菜等作物在收割时进行秸秆机械粉碎，撒上腐熟剂，再深水浸泡或直接翻埋，加速作物秸秆腐烂，提高土壤有机质含量。三年累计实施推广应用秸秆腐熟还田技术 20 973.34 hm²，建成技术示范片 59 个，其中山下湖镇西泌湖畈示范片面积 802.34 hm²，完成晚稻—小麦、早稻—晚稻、晚稻—油菜、小麦—晚稻、油菜—晚稻等生产模式的秸秆腐熟还田效果验证试验 16 次。据统计，经过三年实施，项目区土壤有机质含量从实施前平均 28.15 g/kg 提高到 29.76 g/kg，增加了 1.61 g/kg，增幅达 5.72%。

（三）二等标准农田土壤培肥项目

根据浙江省人民政府部署，诸暨市在 2009 年启动了千万亩标准农田质量提升工程，对二等标准农田进行土壤培肥（见第二章第四节"标准农田建设"）。

至 2018 年，诸暨市完成了 7 个标准农田土壤培肥项目建设，累计落实冬绿肥种植 3 803.34 hm²、秸秆还田 22 958.41 hm²、商品有机肥和配方肥推广应用各 27 144.35 hm²、增施磷肥 25 155.48 hm²、补施钾肥 26 494.75 hm²、强化耕作 2 174.80 hm²、水旱轮作 3 218.33 hm²等土壤培肥技术措施共计 138 093.82 hm²（表 5-5）。

标准农田质量提升项目区通过土壤培肥措施的落实，耕地质量状况得到有效提升，其中耕层厚度、pH 值、有机质、有效磷、速效钾等主要地力指标提高显著，增值分别为 1.11 cm、0.54、0.81 g/kg、5.20 mg/kg 和 35.82 mg/kg（表 5-6）。

表 5-5　诸暨市标准农田质量提升项目土壤培肥情况（hm²）

项目	2009年标准农田质量提升试点项目	2010年标准农田质量提升项目	2011年平原标准农田质量提升项目	2011年非平原标准农田质量提升项目	2012年标准农田质量提升项目	2013年标准农田质量提升项目	2014年标准农田质量提升项目	合计
实施年份	2010—2013	2011—2014	2012—2015	2012—2015	2013—2016	2014—2017	2015—2018	
建设面积	1 336.67	1 341.9	1 200.84	334.33	1 201.07	1 200.24	282.00	6 897.04
冬绿肥种植	1 232.00	898.67	583.33	170.00	482.67	373.33	63.33	3 803.34
秸秆还田	5 117.34	3 817.74	3 826.67	780.00	4 076.67	4 326.67	1 013.33	22 958.41
商品有机肥	5 269.00	5 344.84	4 803.35	1 003.00	4 795.20	4 800.96	1 128.00	27 144.35
配方肥	5 269.00	5 344.84	4 803.35	1 003.00	4 795.20	4 800.96	1 128.00	27 144.35
增施磷肥	3 928.34	4 696.64	4 803.35	1 003.00	4 795.20	4 800.96	1 128.00	25 155.48
补施钾肥	4 596.67	5 367.57	4 803.35	1 003.00	4 795.20	4 800.96	1 128.00	26 494.75
强化耕作	533.33	638.13	376.67	0.00	253.33	266.67	106.67	2 174.8
水旱轮作	636.67	911.67	493.33	106.67	483.33	480.00	106.67	3 218.33
合计	26 582.35	27 020.08	24 493.39	5 068.67	24 476.81	24 650.52	5 802.00	138 093.82

表5-6　诸暨市标准农田质量提升项目区主要地力指标提升状况

项目名称	耕层厚度（cm）			pH值			有机质（g/kg）			有效磷（mg/kg）			速效钾（mg/kg）		
	实施前	实施后	增值	实施前	实施后	增值	实施前	实施后	增值	实施前	实施后	增值	实施前	实施后	增值
2009年标准农田质量提升试点项目	14.18	15.85	1.67	5.32	5.70	0.38	35.82	36.91	1.09	2.66	8.50	5.84	74.04	105.65	31.61
2010年标准农田质量提升项目	14.00	15.40	1.40	5.70	6.43	0.73	34.71	35.62	0.91	9.93	14.92	4.99	76.87	121.09	44.22
2011年平原标准农田质量提升项目	13.60	15.00	1.40	5.83	6.21	0.38	37.69	37.98	0.29	5.60	10.40	4.80	81.90	117.90	36.00
2011年非平原标准农田质量提升项目	/	/	0.00	5.39	5.95	0.56	30.79	32.04	1.25	4.08	9.26	5.18	79.32	102.04	22.72
2012年标准农田质量提升项目	13.43	14.66	1.23	5.46	6.06	0.60	38.54	39.42	0.88	5.69	10.51	4.82	72.71	96.60	23.89
2013年标准农田质量提升项目	13.57	14.42	0.85	5.59	6.07	0.48	35.41	36.07	0.66	4.59	10.21	5.62	87.98	129.66	41.68
2014年标准农田质量提升项目	14.50	15.71	1.21	5.50	6.13	0.63	37.75	38.32	·0.57	4.13	9.26	5.13	86.56	137.21	50.65
平均	13.88	15.17	1.11	5.54	6.08	0.54	35.82	36.62	0.81	5.24	10.44	5.20	79.91	115.74	35.82

（四）耕地保护与质量提升示范项目

2017年，根据浙江省农业厅、浙江省财政厅《关于下达2017年中央财政农业资源及生态保护补助资金（耕地质量提升）的通知》（浙财农〔2017〕61号）、浙江省农业厅关于印发《2017年浙江省耕地保护与质量提升促进化肥减量增效项目实施方案》的通知（浙农专发〔2017〕81号）文件精神，诸暨市实施了"耕地保护与质量提升促进化肥减量增效示范县"创建项目。根据水稻、小麦等主要农作物实际种植分布情况，以6个乡镇的23个粮食生产功能区为基础，在枫桥江下游两侧湖畈和浦阳江上游沿线河谷平原分别建设2个万亩示范片，集中展示测土配方施肥、土壤培肥和化肥减量增效等"三位一体"高产高效施肥技术。示范区全覆盖应用测土配方施肥技术，利用收割机械直接粉碎水稻、小麦、油菜等农作物秸秆，通过覆盖、翻埋等还田形式进行肥料化利用，并选择205.80 hm² 排涝良好的农田种上紫云英在第2年盛花期翻埋，以培肥土壤。

2018年3月23日，中央电视台新闻联播报道"浙江诸暨耕种机械化、农田地力强"，视频镜头展示了枫桥镇杜黄新村6台拖拉机在机械化撒施商品有机肥于田面后进行翻耕（图5-4）。

图5-4　2018年3月23日央视新闻联播

据统计，实施后示范区农田土壤有机质平均值为 39.73 g/kg，与实施前相比提高了 1.97 g/kg，增幅为 5.21%；土壤 pH 值从实施前的 5.25 提高到 5.47。

（五）安全利用类耕地土壤改良项目

2020 年，诸暨市根据土壤环境质量类别划定成果（由绍兴市农业农村局统一委托浙江省农业科学院负责完成）和往年取土测土数据，使用中央土壤污染防治专项资金（浙财建〔2019〕154 号），对安全利用类耕地进行土壤改良。具体技术方案由浙江大学技术团队编制，根据相关工作要求和实际操作可行性，针对项目区农田土壤酸碱度的分布情况，主要提出两类技术措施：一是对酸性农田（pH 值 5.5 以下）采用"石灰＋有机肥"进行改良，石灰用量 4 500 kg/hm²，有机肥用量 3 000 kg/hm²；二是对微酸性或中性农田（pH 值 5.5～6.5）采用"钙镁磷肥＋有机肥"措施进行改良，钙镁磷肥用量 1 500 kg/hm²，有机肥用量 2 250 kg/hm²。

2021 年，根据土壤检测数据，对项目实施效果开展了评价分析。698.37 hm² 酸性农田的土壤 pH 值从实施前平均 5.35 提高到 5.78，增幅为 8.19%；土壤有机质从实施前平均 33.57 g/kg 提高到 34.11 g/kg，增幅为 1.58%。968.34 hm² 微酸性或中性农田的土壤 pH 值从实施前平均 5.93 提高到 6.37，增幅为 7.42%；土壤有机质从实施前平均 33.27 g/kg 提高到 33.76 g/kg，增幅为 1.47%。项目区土壤酸化现象得到治理，同时有机质含量进一步提高。

第三节　科学施肥

"庄稼一枝花，全靠肥当家"。施肥的目的，一是提供作物营养，提高作物产量；二是改良和培肥土壤，提高土壤肥力。因此，科学施肥技术的应用，对于耕地质量具有其极重要的作用。

一、有机肥料施用

20世纪50年代，诸暨县政府将发展农家肥料作为促进粮食生产的关键，组织群众进行"种""养""积""造"活动。"种"，即在扩大草子（紫云英）播种面积与提高单产的同时，引种绿萍、田菁、水浮莲、水花生等，增加肥源；"养"，即在发展绿肥的同时，提倡养猪积肥；"积"，即大积土杂肥，重点是割青草、挑塘泥；"造"，即利用境内的泥炭与氨水配制腐植酸铵肥料。60年代起境内化肥用量逐渐增加，到70年代后期，化学氮肥已基本满足本地生产需求，但仍很重视农家肥料的施用，所占比重仍很大。

20世纪80年代，诸暨的冬绿肥生产面积与技术水平一直处于浙江省前列。1980年8月，诸暨县农业局在南方十三省冬绿肥生产技术交流会议作典型发言，介绍了"在思想上把草子真正当作一季作物来种，在技术上同粮油生产一样紧扣增产环节一抓到底"的经验。1982年春，浙江省电视台在诸暨拍摄制作了关于草子生产的农业科教片——《草子跟外追肥》和《草子合理利用》。

20 世纪 90 年代之后，随着化肥生产工业的发展，农业种植结构的调整，区域城镇化水平的提高，传统的有机肥源在数量及种类上发生巨大的变化，农家肥、土杂肥除蔬菜、瓜果等经济作物少量施用外，水稻等大田作物上施用很难看到，农田主要有机肥源绿肥的播种面积也由 60 年代占水田 70% 左右下降到 20% 左右，秸秆还田已成为农田主要有机肥源。进入 21 世纪，全市有机肥和化肥的施用比例基本稳定，全年绿肥播种面积 9 350 hm² 左右，农作物秸秆还田率 80% 左右。

二、化学肥料施用

（一）施用历史

诸暨境内化学肥料的施用，始于民国 22 年（1933 年）有私商销售 3 560 包硫酸铵。但农民误认为施用后会"拔土瘦田"，因此推广阻力较大，到中华人民共和国成立时用量仍然极少。1950 年，农业、商业部门联合推广，才消除误解。

20 世纪 50 年代后期，化学氮肥、磷肥在诸暨才普遍使用。1954 年，开始施用过磷酸钙。1955 年，开始施用钙镁磷肥。1956 年，开始施用硝酸铵。1957 年，开始施用尿素。1964 年，开始施用氨水。1966 年，开始施用碳酸氢铵。1974 年，开始施用氯化铵。

化学钾肥在诸暨的推广施用情况较为曲折。1959 年，诸暨进销钾肥 106 t，但一直滞销，故停止进货。1971 年，浙江省钾肥试验协作网会议在诸暨召开，在水稻和玉米上示范应用氯化钾，在甘薯上示范应用硫酸钾，结果增产效果显著，各公社农户施用积极性甚高。70 年代中期推广杂交水稻后,特别是 1980 年第二次土壤普查后,诸暨钾肥施用量迅速增加。

自 1973 年后三元复合肥在诸暨开始施用。起初为进口产品,多用于甘薯等旱地作物。1988 年,全县用量超过 5 000 t。

(二)施用数量变化

据《诸暨市(县)统计年鉴》,1950 年境内化学肥料施用总量 157 t,均为氮肥(硫酸铵)。随后全市化学肥料施用数量飞速上升,70 年代已突破 3 万 t(实物量,下同),90 年代中期突破 10 万 t,2000 年施用总量为 152 471 t,至 2008 年全市化学肥料施用总量达到历史最高峰,达到 164 517 t(表 5-7)。之后,因测土配方施肥等技术的推广应用,全市化学肥料施用总量逐年递减。2020 年全市化学肥料施用总量下降到 66 537 t,与 2010 年的施用总量相比减少 38 988 t,降幅为 36.95%。

表 5-7 诸暨市化学肥料施用数量统计表(t)

年份	氮肥	磷肥	钾肥	复合肥	合计
1950	157				157
1955	2 661	88			2 749
1960	2 513	383	140		3 036
1970	22 501	8 826			31 327
1980	68 919	16 739	221	465	86 344
1990	50 628	12 104	7 362	409	70 504
1995	84 062	9 661	3 632	1 765	99 120
2000	124 996	13 861	4 908	8 706	152 471
2005	120 900	11 500	5 000	20 000	156 400
2008*	119 100	10 500	5 917	29 000	164 517

年份	氮肥	磷肥	钾肥	复合肥	合计
2010	71 400	11 550	6 825	15 750	105 525
2015	51 113	10 957	5 894	16 872	84 836
2020	38 229	8 978	4 687	14 643	66 537

数据来源：《诸暨农业志》(1950—1995)、《诸暨市统计年鉴》（2000—2020 年）。

三、科学施肥技术推广

（一）配方施肥

20 世纪 80 年代中期，诸暨开始推广应用配方施肥技术。该技术是充分应用第二次土壤普查成果，以施用有机肥为基础，通过"以土定产、以产定氮、因缺补缺、高产栽培"，达到增产增效。即在施用 11 250 kg/hm² 左右有机肥的条件下，以当地该品种前三年的平均产量增产 5% ～ 8% 作为目标产量，按目标产量和吸收氮量计算当季作物所需化学氮肥用量，然后按土壤供肥特性及前作，确定基肥和追肥的用量；根据土壤普查土壤磷钾养分含量资料，因缺补缺，确定磷、钾肥料用量；按土壤特性、作物生长特点、气候变化，调整肥水管理，实行高产栽培。

1986 年，在大侣乡九江庙、郦村（今属暨阳街道）等 6 个村，905 户 281.67 hm² 早稻上示范应用，与常规相比，增产 243 kg/hm²，节省化肥（折纯）72 kg/hm²。1987 年扩大到 9 800 hm²，1988 年达 27 333.34 hm²，1989 年开始应用到甘薯、玉米和西瓜等作物上。

1991 年起，诸暨对强化磷、钾肥料的经济合理利用，提出优化配方施肥技术，并列入全国优化配方施肥试点县市，当年推广应用达 31 666.67 hm²。据对比试验测产，优化配方施肥，大麦、早稻、晚稻产量分别为 3 271.5 kg/hm²、6 588.0 kg/hm²、7 084.5 kg/hm²，分别比常规施肥增产 670.5 kg/hm²、403.5 kg/hm²、444.0 kg/hm²。

1998 年，全市配方施肥技术应用面积达 56 666.67 hm²，促进了磷钾肥的经济合理利用。当年早稻秧田施磷占 93.7%，施钾占 64.8%；早稻本田施磷面积占 92.0%，施钾面积占 59.6%；晚稻施磷面积占 73.9%，施钾面积占 83.8%。

（二）测土配方施肥

测土配方施肥是根据不同类型的土壤肥力状况、土壤供肥特点、作物需肥规律和肥效试验结果，提出合理的施肥配方，施用按照合理的原料配比和采用相关工艺生产的养分齐全的配方肥料，包括"测、配、产、供、施"即"测土、配方、肥料生产、供应、施用"五个环节。

1. 主要成效

2008 年，根据农业部的统一部署，诸暨市启动实施了中央专项资金补贴的测土配方施肥项目。2012 年 12 月，通过农业部组织的专家验收。2015 年后，测土配方施肥列为常规性工作，中央补贴资金不再每年下拨。截至 2021 年年底，已完成取土化验 16 625 个，开展各类肥效试验 178 项次，建立技术示范区 556 个，示范面积 71 580.56 hm²，累计推广测土配方施肥技术 670 946.67 hm²，共减少化肥折纯用量 23 650.87 t，节本增收 64 914.09 万元。经济、社会和生态效益显著。

2. 技术集成

2012 年，诸暨市综合农田土壤检测与作物肥效试验数据，初步完成水稻、小麦施肥指标体系的构建。2014 年，根据田间验证试验效果，设计出 216 个施肥方案，即"$4 \times 3^3 \times 2=216$"（4 是指早稻、单季晚稻、连作晚稻、小麦 4 类作物，3 是指氮磷钾养分含量的"高中低" 3 个档次，2 是指常规单质肥和配方肥 2 种类型）。

2015 年，诸暨在浙江省农业科学院数字农业研究所的技术协助下，率先完成了测土配方施肥专家咨询系统的"网络版"和"触摸屏版"软件开发应用。2017 年，在浙江省内首个完成测土配方施肥专家咨询系统"安卓手机 App 版"的开发应用。同年 5 月，"诸暨市测土配方施肥咨询系统（V1.0）"取得国家计算机软件著作权登记。下半年，配置触摸屏 38 台，在全市所有乡镇农业公共服务中心、主要农资商店、重点示范区进行投放。2019 年，系统升级，加载诸暨市所有规模种粮大户的农田坐标信息，建成集种植主体、耕地地力、施肥方案、卫星遥感等数据一体的县域智慧施肥系统。2020 年，系统再次升级，按照化肥定额制标准修订施肥方案，并入"浙样施"浙江省耕肥大数据平台。2021 年，率先推出"浙样施·诸暨"的微信小程序版本。至此，"诸暨市智慧施肥系统平台"已完成搭建（图 5-5），该平台主要具有以下六大特点：一是以高清卫片为背景，田畈位置精准定位；二是以耕地数据为底图，镇村边界精确划分；三是以土壤调查为基础，地力指标数值详细；四是以服务基层为原则，教学快捷简单易用；五是以一线农户为对象，按照作物分类咨询；六是以化肥减量为目标，根据土壤差异施肥。

A WebGIS 版施肥咨询页面

B 施肥咨询触摸屏

C 施肥咨询手机 App 界面

D　施肥咨询微信小程序安装码（左）与界面

图 5-5　诸暨市智慧施肥系统平台

3. 奖励情况

2010 年，以杨伟祥为第一完成人、诸暨市农业技术推广中心为第一完成单位的《诸暨市 80 万亩水稻测土配方施肥技术的应用推广项目》获得 2009 年度浙江省农业丰收奖三等奖。

2021 年，以张耿苗为第一完成人于 2020 年 4 月在《植物营养与肥料学报》上发表的"基于高斯—分类混合聚类方法的水稻区域化肥减施潜力研究"论文，获得绍兴市 2019—2020 年度自然科学优秀学术论文奖一等奖。该论文描述了诸暨在国内率先开展的"县域农田化肥减施潜力测算"研究成果：通过 2008—2017 年采集的 6 382 个农田土壤样品和 28 组水稻 3 414 完全肥效试验，获得氮磷钾不同施肥水平下的稻谷产量、最佳推荐施肥量等信息，将全市稻田划分为 7 个大区，建立数据模型，测算氮磷钾养分减施潜力。

2022 年 4 月，全国农业技术推广服务中心授予诸暨市农业技术推广中心为 2021 年度全国测土配方施肥数据采集工作考评优秀单位，张耿苗为优秀个人。

（三）水稻机插侧深施肥

机插侧深施肥是指水稻在插秧时通过机械将肥料条状深施于秧苗一侧，实现秧肥同种。2017年，浙江省农业农村厅、浙江省农业科学院、中国水稻研究所在诸暨市暨南街道沿江新村的双季稻上开展了全省首次机插测深施肥试验。试验结果表明，侧深施肥技术可使水稻增产6.31%～8.03%，氮肥利用率提高了32.52%～50.79%。

2019年6月，浙江省早稻机插侧深施肥技术现场会在诸暨召开，中国科学院院士钱前（中国水稻研究所副所长）等专家领导、11个地市及重点县（市、区）的土肥（粮油）负责人共计110人参会（图5-6）。

图5-6　2019年全省早稻机插侧深施肥现场会在诸暨召开（张耿苗摄）

（四）水稻定额制施肥

化肥定额制是指根据耕地地力、作物需肥规律及目标产量等要求，在合理使用有机肥的基础上，实施作物化肥投入控制在最高用量标准之内的制度，从而实现减少不合理化肥用量，促进化肥减量增效和绿色农业高质量发展。化肥定额制施肥技术基于测土配方施肥基础成果，在保证作物产量的同时，对化肥投入数量进行限制。

在浙江省耕地质量与肥料管理总站和浙江省农业科学院环境资源与土壤肥料研究所的支持下，诸暨市农业技术推广中心自 2017 年起开展了水稻定额制施肥技术研究，通过暨南、次坞、山下湖、枫桥、姚江等地的多点试验示范，集成"有机肥＋配方肥／缓释肥""冬绿肥＋配方肥／缓释肥""秸秆还田＋配方肥／缓释肥""秸秆还田＋侧深施常规肥"4 套水稻化肥定额制施用技术模式，并逐渐推广至全市。

诸暨市分别于 2018 年 10 月（海盐）、2019 年 9 月（黄岩）、2019 年 11 月（长兴）、2020 年 10 月（永康），4 次在全省耕肥系统会议上作相关技术的典型发言（图 5-7），同时还在 2018 年 11 月丽水召开的全省土壤肥料学会年度技术研讨会上作技术交流。

图 5-7   2020 年，张耿苗在永康全省化肥定额制工作推进会议发言（浙江省耕地质量与肥料管理总站供）

截至 2021 年年底,诸暨市已建立水稻化肥定额制施用技术示范区 78 个,示范总面积 2 606.67 hm²,规模种植主体技术应用率 85% 以上,累计推广应用 50 740.15 hm²,平均新增经济效益 768.75 元 /hm²。

2021 年,张耿苗为第一完成人、诸暨市农业技术推广中心为第一完成单位的"基于定额施肥的水稻化肥减量增效技术集成与推广应用"获得 2020 年度浙江省农业丰收奖二等奖(图 5-8)。

单位证书

个人证书

图 5-8　浙江省农业丰收奖二等奖证书

第四节　对策与建议

一、严格依法保养耕地

严格落实耕地、永久基本农田、高标准农田、粮食生产功能区的保护制度。各级政府应签订耕地、基本农田、粮食生产功能区保护责任书，将耕地、基本农田、粮食生产功能区保护责任目标考核列入各级政府的业绩考核内容，并充分利用基本农田保护数据库，遥感影像，加强对违法占用耕地的动态监测。严格落实耕地占用补偿制度，按照"占多少补多少""占水田补水田"的原则，实行"占一补一"的平衡补偿制度。同时，对通过土地整理、农居点复垦、废弃矿山复垦和低丘缓坡开发补充的耕地，应加强耕地质量的监测评价。

建立政府导向性投入和农民投入相结合的投入机制，研究制定耕地保养管理扶持政策。争取各级资金投入，将耕地质量保养列入财政预算，设立耕地保养管理专项资金，加大对耕地质量建设支撑力度。要加强对高标准农田建设的投入，按照《高标准农田建设 通则》（GB/T 30600—2022），在提高农田基础设施条件的同时，增加土壤培肥方面的投入，对应用商品有机肥、绿肥种植等措施进行补贴，引导农户开展土壤培肥。

二、合理利用耕地资源

合理利用耕地资源对提高经济效益，增加农民收入，保护生态环境有着重要意义。在发展种植业和调整种植结构时，既要考虑经济发展的需要，同时也必须考虑耕地质量因素，应依法加强耕地用途管理，坚决遏制"非粮化"式的种植结构调整，保护耕地质量。当前诸暨市耕地"非粮化"利用类型可分为水田旱作类、旱地林果类、带土移植类、挖塘养殖类四类，这四类耕地"非粮化"利用类型均对耕地质量的影响较大。

（一）水田旱作类

水田旱作类指在水田上常年种植旱地作物，尤其是根系较深的木本类林果作物。水田经过千百年来的水稻种植利用，不仅耕作层熟化程度较高，同时犁底层的保水功能极强，而种植各类旱生林果木本类经济作物，可能造成土体构型破坏、犁底层破碎等，影响耕地质量，乃至严重破坏耕作条件，损毁耕地（水田）。如景观苗木、葡萄、柑橘、桃树、梨树、茶树等旱生林果类作物需要排水条件，种植时可能需要把表土以下 20 cm 左右的原有保水系统层（犁底层）挖掘破坏，造成水田的原有土体构型发生短期不可恢复性破坏，甚至引发田埂垮塌等现象。

（二）旱地林果类

旱地林果类指在旱地上常年种植林果类经济作物。该利用类型可能造成耕作层厚度减少或消失、土体构型破坏，且由于长期不翻耕，可造成土壤容重增加，土壤孔隙度和持水能力降低，若人为管理措施不当还容易造成有机质含量下降、表层土壤酸化板结、杂物侵入、污染等，从而影响耕地质量。如在山坡耕地上种植香榧等，无其他作物套种间种，容易引起水土流失，造成耕地损毁；同时为追求木本作物快速生长，大量施用化肥、不施或少施有机肥，栽培模式不合理，可能会造成耕地土壤有机质含量大幅降低，造成土壤酸化、板结、土壤贫瘠、退化等。

（三）带土移植类

带土移植类指在耕地上经营种植苗木、草坪、草皮、花卉等移走时候需要携带部分母土的园艺作物。这可能造成耕作层厚度下降或消失，若人为管理措施不当还容易造成有机质含量下降、土壤酸化板结、产生超级杂草、造成土壤环境污染、局部土壤紧实化等，影响耕地质量。如长期带土移植或经营性种植该类园艺作物，表层优质土壤被逐次取走，造成耕作层厚度降低甚至消失。同时，长期不翻耕、使用强力除草剂和杀虫剂、大量过度添加化肥，容易造成土壤有机质下降、土壤酸化板结、污染、生物多样性降低等。

（四）挖塘养殖类

挖塘养殖类指在耕地上开展挖塘或围塘养殖水生动植物。这可能破坏耕作层和犁底层，容易造成土壤 pH 值降低、土壤环境和农业面源污染、多年生有害杂草、固体侵入物或福寿螺等有害生物入侵等，影响耕地质量。挖塘养殖、围塘养殖易破坏耕作层和土体构型，饲料和消毒剂等使用不当容易造成土壤 pH 值下降和污染、福寿螺等有害生物入侵等。若在山区梯状水田防护堤岸边耕地养殖小龙虾、泥鳅、黄鳝，容易形成管涌，造成梯田田埂、堤坡垮塌。

三、开展土壤健康行动

针对耕地土壤退化问题，以耕地"数量、质量、生态"为目标，按照浙江省农业农村厅的统一部署，启动实施县域土壤健康行动，打造健康土壤，构建健康土壤指标、培育、评价和保障新体系，开展土壤障碍治理，全面遏制土壤酸化、养分不平衡等现象，提高耕地质量等级，持续推进化肥减量。继续深化测土配方施肥技术的推广应用，优化氮、磷、钾配比，推进施精准施肥，完善化肥施用限量标准和减量方案，实现氮肥用量定额、化肥总量控制；改进施肥方式，推广应用机械施肥、种肥同播、水肥一体化等措施，减少养分挥发和流失，提高肥料利用效率；加强绿色投入品创新研发，积极推广缓释肥料、水溶肥料、微生物肥料等新型肥料，拓宽畜禽粪肥、秸秆和种植绿肥的还田渠道，在更大范围推进有机肥替代化肥。同时，提倡在旱作区大力发展高效旱作农业，集成配套全生物降解地膜覆盖、长效肥料应用、保水剂混肥底施等措施，减少养分挥发和随雨流失。

四、完善监测评价体系

加强耕地地力监测点的配套建设，确保监测点数据的可靠性、正确性。分区域定期开展耕地环境及土壤理化性状检测，确保全市耕地土壤3～5年的轮回检测，及时掌握耕地地力动态变化。健全和完善土壤肥料化验室，稳定人员，更新仪器设备，提高检测能力，及时准确反映检测结果。

完善县域耕地资源信息管理系统，及时更新耕地与土壤基础信息数据。2011 年，诸暨市开展耕地地力评价时建立了县域耕地资源基础数据库和信息管理系统，基于该系统完成了本轮耕地质量等级评价。因此，为确保今后开展耕地质量等级或者地力等级变更评价，应继续完善耕地资源管理信息系统，不断充实和完善基础数据库，优化信息管理系统。同时，要充分利用耕地资源信息管理系统指导生产实际，提高在农业生产中利用率，为调整、优化农业生产结构、发展区域特色农产品、发展绿色和有机农产品产业提供科学依据和信息平台，为耕地质量提升提供保障。

主要参考文献

陈红金，黄承沐，张耿苗，等，2015.诸暨市标准农田地力提升状况及技术措施［J］.浙江农业科学，56（10）：1649-1651.

陈龙春，张耿苗，赵钰杰，2012.诸暨市西泌湖畈粮食生产功能区农田地力的变化［J］.浙江农业科学（12）：1705-1707.

陈一定，单英杰，顾培，等，2007.浙江省标准农田地力与评价［J］.土壤，39（6）：987-991.

怀燕，陈照明，张耿苗，等，2020.水稻侧深施肥技术的氮肥减施效应［J］.浙江大学学报（农业与生命科学版），46（2）：217-224.

金仲锦，张耿苗，赵钰杰，2012.诸暨市涅浦镇耕地土壤地力评价报告［J］.上海农业科技（4）：106-107.

孔海民，张耿苗，连正华，等，2020.不同施肥处理对单季稻雨优15号产量和肥料利用率的影响［J］.浙江农业科学，61（4）：615-617.

雷宝佳，杨联安，于占超，等，2014.WebGIS技术在测土配方施肥中的应用［J］.测绘与空间地理信息，37（3）：81-83，87.

李超，王巍，李伟成，2021."非粮化"利用对耕地质量的影响［J］.中国土地（3）：17-19.

李武艳，朱从谋，王华，等，2016.浙江省耕地质量多尺度空间自相关分析［J］.农业工程学报，32（23）：239-245，315.

李絮花，2007. 施肥制度与土壤可持续利用［D］. 北京：中国农业科学院.

刘晓霞，陈正道，陈一定，等，2020. 浙江省耕地质量信息化建设现状分析及对策研究［J］. 中国农技推广，36（11）：9-10，8.

麻万诸，2012. 浙江省耕地肥力现状及管理对策［D］. 杭州：浙江农林大学.

麻万诸，李丽，陆若辉，等，2015. 基于 ArcGIS Runtime for WPF 的触摸屏施肥咨询系统集成与应用［J］. 浙江农业学报，27（12）：2206-2211.

麻万诸，吕晓男，陈晓佳，2009. "3S" 技术在土壤养分空间变异研究中的应用［J］. 农业网络信息（7）：13-16.

麻万诸，章明奎，吕晓男，2012. 浙江省耕地土壤氮磷钾现状分析［J］. 浙江大学学报（农业与生命科学版），38（1）：71-80.

马会宁，陈伟强，程道全，等，2015. 基于不同指标权重计算方法的耕地地力评价对比研究［J］. 河南农业大学学报，49（4）：517-523.

马小云，2019. 浙江省耕地保护政策的实施效果研究［D］. 西安：西北大学.

任周桥，单英杰，汪玉磊，等，2011. 浙江省标准农田地力调查与分等定级研究与应用［J］. 浙江农业学报，23（2）：404-408.

王超，张耿苗，刘桃霞，等，2017. 诸暨市粮食生产功能区地力现状和提升措施的探讨［J］. 浙江农业科学，58（7）：1117-1119.

徐保根，赵建强，薛继斌，2014. 浙江省耕地质量评价工作的历史现状、问题与对策［J］. 浙江国土资源（10）：37-40.

徐进，傅庆林，2009. 浙江省耕地质量调查与保育措施的探讨［J］. 浙江农业科学，5：997-999.

徐杨，孟志军，2007. 绍兴市耕地保护工作的实践与思考 [J]. 浙江国土资源（10）：39-41.

徐泽，张耿苗，2013. 壶源江诸暨流域农田质量现状 [J]. 上海农业科技（6）：107-108.

张耿苗，2012. 近 30 年来诸暨市水田土壤养分的变化 [J]. 杭州：浙江农业科学（3）：390-392.

张耿苗，2012. 诸暨市耕地质量现状和提升措施 [J]. 上海农业科技（2）：18-19，21.

张耿苗，王京奇，汪东东，等，2020. 长期施用有机缓释肥对单季稻中甬优 15 产量与土壤养分的影响 [J] . 浙江农业科学，61（6）：1075-1077.

张丽君，麻万诸，项佳敏，等，2020. 浙江省耕地土壤速效钾状况及影响因素分析 [J]. 浙江农业科学，61（4）：607-611.

张明安，马友华，褚进华，等，2011. 基于 WebGIS 的县域测土配方施肥系统的建立 [J]. 农业网络信息（6）：20-23，36.

张志宏，任晶，2014. 基于 GIS 的耕地地力评价 [J]. 安徽农业科学，42（I5）：4813- 4815.

赵彦锋，程道全，陈杰，等，2015. 耕地地力评价指标体系构建中的问题与分析逻辑 [J]. 土壤学报，52（6）：1197-1208.

浙江省土壤普查办公室，1993. 浙江土壤 [M]. 杭州：浙江科技出版社 .

浙江省土壤普查办公室，1994. 浙江土种志 [M]. 杭州：浙江科技出版社 .

周明玉，张耿苗，2012. 诸暨市 2011 年双季稻区水田质量的监测分析 [J]. 浙江农业科学（6）：881-883.

周晓多，张耿苗，祝惠，2012.诸暨市牌头镇水田地力现状与提升措施 [J].浙江农业科学（7）：1034-1035，1039.

诸暨市国土资源局，2018.诸暨市国土资源志（1988—2017）[M].杭州：浙江人民出版社.

诸暨市农业局，2001.诸暨市农业志 [M].北京：中华书局.

诸暨市水利志编纂委员会，2004.诸暨市水利志（1988—2003）[M].北京：方志出版社.

诸暨县土壤普查办公室，1984.浙江省诸暨县土壤志 [M].绍兴：诸暨县土壤普查办公室.

附　图

1. 诸暨市地形图

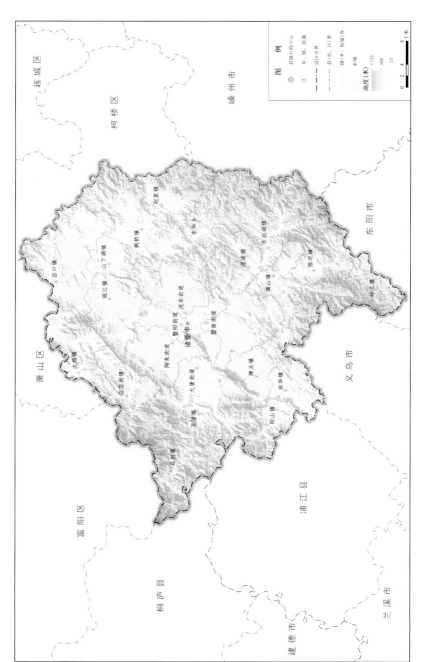

2. 诸暨市土壤类型分布图

3. 诸暨市土地利用现状图

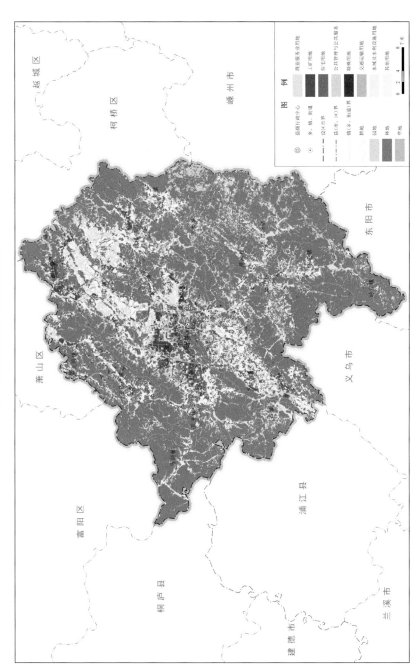

图　例

◎　县级行政中心
◉　乡、镇、街道
--- 　设区(市)界
-·-·-　县(市、区)界
·---·-　镇(乡、街道)界
　　　耕地
　　　园地
　　　林地
　　　草地

　　　商业服务业设施用地
　　　工矿用地
　　　住宅用地
　　　公共管理与公共服务
　　　特殊用地
　　　交通运输用地
　　　水域及水利设施用地
　　　其他用地

0　2　4　　　　8千米

越城区
柯桥区
嵊州市
东阳市
萧山区
义乌市
富阳区
浦江县
桐庐县
兰溪市
建德市

4. 诸暨市耕地质量评价样点分布图

越城区

柯桥区

嵊州市

萧山区

东阳市

义乌市

富阳区

浦江县

桐庐县

兰溪市

建德市

图　例

耕地质量评价样点
县级行政中心
乡、镇、街道
设区市界
县(市、区)界
镇(乡、街道)界

0　2　4　8 千米

5. 诸暨市耕地质量等级图

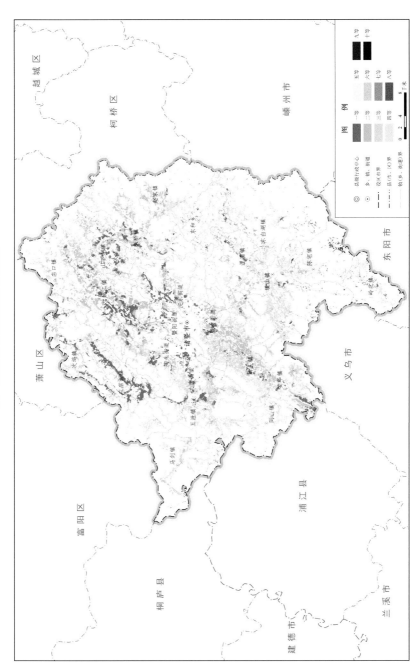

6. 诸暨市耕地土壤酸碱度分布图

7. 诸暨市耕地土壤有机质含量分布图

8. 诸暨市耕地土壤全氮含量分布图

9. 诸暨市耕地土壤有效磷含量分布图

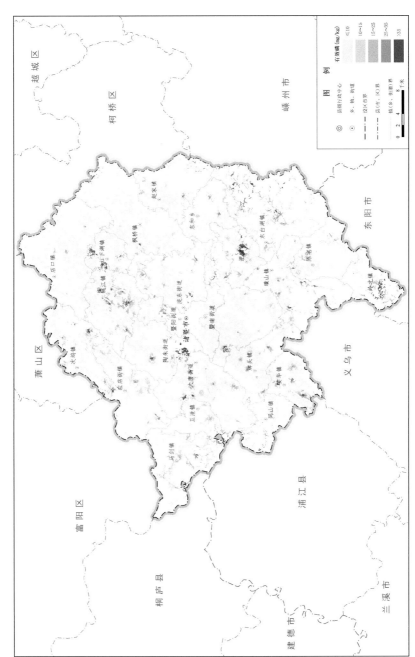

10. 诸暨市耕地土壤速效钾含量分布图

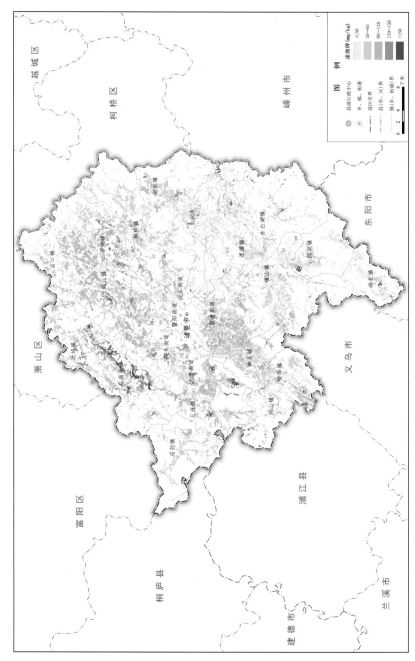